여행자를 위한
도시 인문학

가지
KINDS BOOK

목차

여행자를 위한 도시 인문학

제2부

맛있는 부산, 멋있는 부산

제3부

조선의 부산, 동래를 걷다

제 4 부

항구에서 시작된 근대도시의 역사

제 5 부

피란수도 부산 1번지를 찾아가다

제6부

부산 사람, 부산 정신

부록

'걸어서 부산 인문 여행' 추천 코스

서문

문화용광로와 같은 바다도시, 부산에 가다

바야흐로 여행의 시대다. 바쁜 일상에 한 박자 쉬어가는 게 여행이다. 노동 강도가 세지고 삶이 피곤할수록 여행이 더 필요해진다. 이런 힘든 시대에 여행이 있다는 사실이 새삼 다행스럽게 생각된다. 그런데 여행이란 도대체 무엇인가. 관광지가 천차만별이듯 여행에 대한 정의도 제각각이다. 무릇 여행은 즐겁고 새롭고 기대되는 유희이다. 볼거리, 즐길 거리, 먹거리를 찾아 타지로 떠나는, 낯선 문화 체험이다.

과거에 여행은 도시를 탈출해 경치가 수려하고 물과 공기가 깨끗한 자연으로 가는 것이었다. 그런데 얼마 전부터 도시에서의 여행이 유행하기 시작했다. 도시 여행은 장점이 숱하다. 일단 교통과 숙박이 편리하거니와 먹거리와 즐길 거리도 많다. 마천루 속에 가려져 있던 볼거리를 발견하는 재미도 쏠

쏠하다. 도시 여행은 기왕의 여행 패러다임을 전환시켰다. 먼 곳이 아닌 가까운 곳, 자연이 아닌 도심에서 삶의 현장을 즐기는 여행이 되었다. 하지만 자칫 잘못하다가는 잘 먹고 잘 놀고 잘 자고 간 그저 그런 여행이 되고 만다. 이런 여행은 또 그만저만한 관광이 되어 기억에 남는 게 별로 없다.

그리하여 도시 여행과 인문학의 결합이 필요하다. 도시 인문 여행은 이미 각광을 받는 추세이다. 인문 여행은 지역의 환경과 역사, 사람까지 살펴보는 것이다. 도시가 품은 아름다운 자연경관과 독특한 인문환경, 지역민이 사는 모습과 삶의 현장, 오늘의 도시를 만들어낸 역사와 문화까지 체험해 보는 여행이다. 화려한 관광지를 대충 눈으로 훑는 것이 아니라 도시의 깊은 속살까지 체험하는 '도시 인문 여행'. 이것이야말로 더 재밌고, 더 오래 기억하고, 더 추억을 남길 수 있는 여행 방법이 아닐까?

부산은 자연적으로 바다와 산을 낀 아름다운 도시이다. 그리하여 부산에서 절경을 보기란 그리 어렵지 않다. 도심에서 조금만 나가도 넓고 푸른 바다가 보이며 이런 명승을 둘러볼 수 있는 갈맷길이 펼쳐진다. 산복도로나 산동네에서도 바다를 조망할 수 있다는 점은 부산이 가진 큰 매력이다. 영도 흰여울 문화마을에서는 바닷길에서 사람 냄새를 맡을 수 있다. 부산에서는 힘들게 조성한 도시 마을과 아름다운 바다가 한 폭의 그림처럼 잘 어우러진다.

부산은 역사적으로는 항구도시, 문화적으로는 용광로와 같은 도시이다. 대표적인 해상 관문인 부산은 외부의 문화가 가장 먼저 들어온 곳이다. 조선시대에는 초량왜관을 통해 일본 문화가 유입되었고, 개항기에는 제국의 문화가 밀물처럼 몰려왔다. 일제강점기 식민도시가 된 부산에는 일본인들이 살았고, 해방 이후에는 귀환 동포들이, 한국전쟁 시절에는 피란민들이 들어와 살았다. 끊임없이 외부 문화가 들어오면서 토종 문화와 충돌해 새로운 문화를 창출했다.

에너지가 넘쳐 부글부글 끓어오르는 부산 용광로에는 그 어떤 문화도 버림 없이 수용되는 대신, 늘 자신을 버리고 새로운 형체로 거듭나야만 했다. 그러므로 부산 인문 여행도 시원한 바닷바람을 맞는 것과 아울러 부산의 뜨거운 문화 용융의 길 위에서 봐야 한다. 혹자는 부산 문화를 '잡탕 문화'라고 속되게 표현하지만 혼종과 잡탕이야말로 오늘의 시대가 요구하는 통섭과 융합의 또 다른 이름이 아니겠는가. 역사적으로도 부산의 잡탕이 사람을 살렸다. 피란 시절 미군부대에서 흘러나온 여러 음식물을 섞어서 만든, 이른바 부산의 꿀꿀이죽[•]이 얼마나 많은 피란민의 허기를 달래주었던가.

• 꿀꿀이죽은 미군부대에서 나온 잔반을 모아 끓여서 죽으로 만든 것이다. 피란 시절 국제시장 근처에는 꿀꿀이죽을 파는 죽집들이 있었다. 음식 재료가 미군과 유엔군으로부터 나왔다고 하여 '유엔탕(UN湯)'이라고도 불렀다.

나는 뭣도 모르는 외부인으로 부산에 들어왔다. 박물관에서 일하다 보니 부산 역사에 대해 공부해야 했다. 또 부산의 문화유산을 답사하거나 지역문화를 설명해야 할 업무가 많았다. 지인들이 서울에서 내려오면 이따금 부산을 안내해야 했다. 그때마다 부산을 찾는 사람들에게 '인문 여행의 길라잡이'가 필요하다는 사실을 절감하는 터였다.

마침 도시 인문 여행에 큰 관심을 갖고 있던 가지출판사에서 연락을 해왔다. 이 책을 먼저 제안해 준 출판사에 고맙지 않을 수 없다. 그간 〈부산일보〉와 〈국제신문〉 등에 연재했던 부산 문화에 관한 글들이 있어 책을 쓰는 데 바탕이 되었다.

이 책은 부산 관광지를 안내하는 흔한 여행 가이드북은 아니다. 부산의 환경, 역사, 사람을 살펴보고 부산의 속살을 들여다보는 한걸음 더 들어간 인문 여행서이다. 하지만 말처럼 잘 쓰였는지 걱정이 앞선다. 인문학적 관심이 높은 여행객들을 위한 책으로 부합하는지를 판단하는 것은 전적으로 독자의 몫이다. 질정을 부탁한다. 책이 나오면, 내가 먼저 가족을 데리고 부산 인문 여행을 시켜줘야겠다. 항상 넓은 아량으로 나를 지켜봐주는 아내(미선)와 아이들(동연, 정민) 그리고 멀리 계신 어머니께 사랑과 고마움을 전한다.

부산 인문 지도

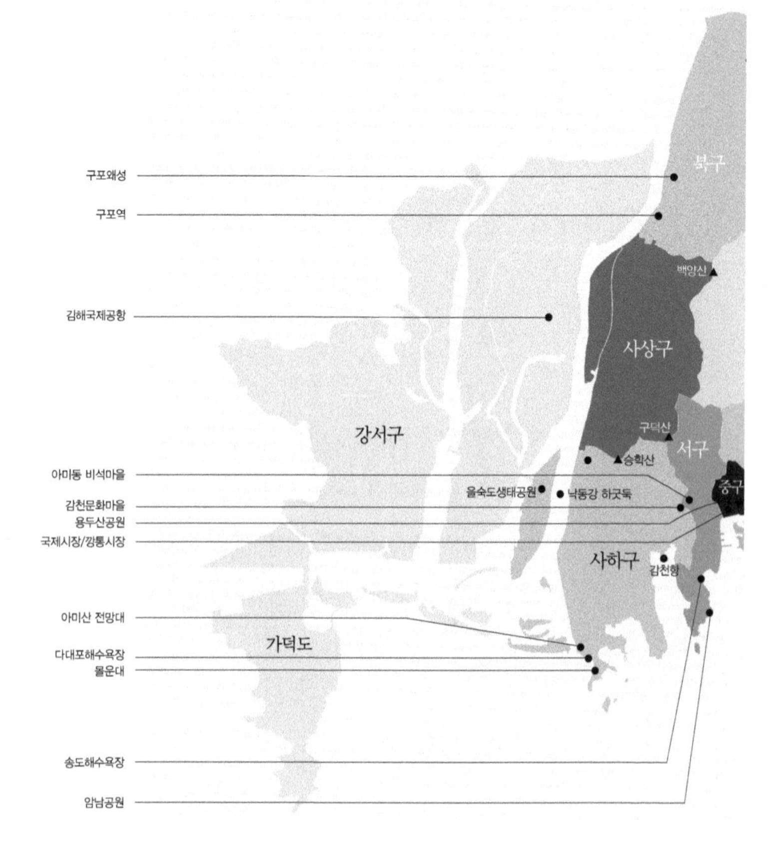

구포왜성
구포역
김해국제공항
아미동 비석마을
감천문화마을
용두산공원
국제시장/깡통시장
아미산 전망대
다대포해수욕장
몰운대
송도해수욕장
암남공원
북구
백양산
사상구
강서구
구덕산
서구
승학산
중구
을숙도생태공원
낙동강 하굿둑
사하구
감천항
가덕도

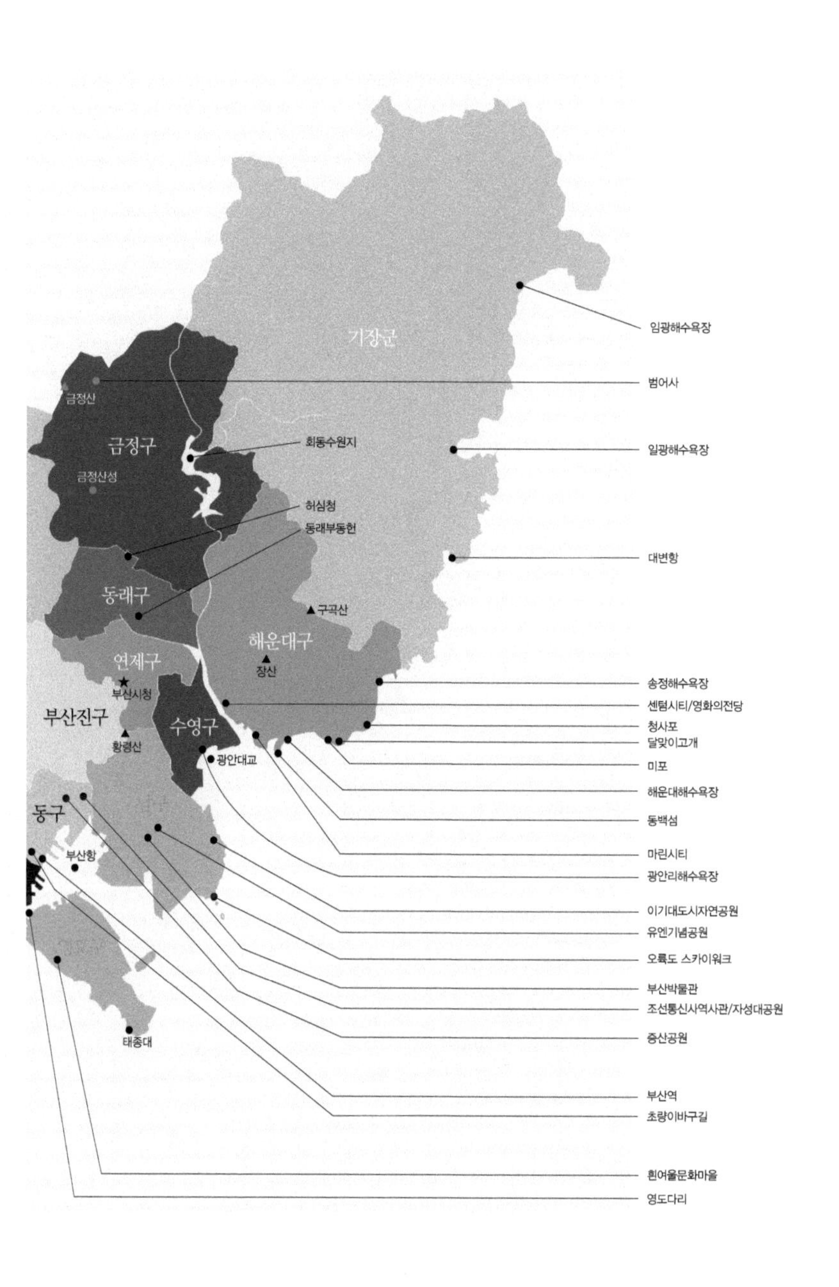
기장군
임광해수욕장
범어사
금정산
금정구
회동수원지
일광해수욕장
금정산성
허심청
동래부동헌
대변항
동래구
구곡산
해운대구
연제구
장산
부산시청
송정해수욕장
센텀시티/영화의전당
부산진구
수영구
청사포
달맞이고개
황령산
광안대교
미포
해운대해수욕장
동구
동백섬
마린시티
부산항
광안리해수욕장
이기대도시자연공원
유엔기념공원
오륙도 스카이워크
부산박물관
조선통신사역사관/자성대공원
태종대
증산공원
부산역
초량이바구길
흰여울문화마을
영도다리

1

부산을 가장 부산답게 만드는 풍경

부산을 대표하는 '3대' 바다 명소

해운대, 몰운대, 태종대를 흔히 부산의 삼대(三臺)라 부른다. 이 삼대는 예로부터 경치가 뛰어나고, 빼어난 부산 바다를 조망할 수 있는 관광지였다. 부산을 알 수 있는 가장 '부산스러운' 바다 명소들이다.

조선시대 여행객들은 몰운대와 해운대를 서로 견주어 보았다. 진주 촉석루와 밀양 영남루를 비교하듯이, 몰운대가 낫다느니 해운대가 낫다느니 말씨름을 했다. 동래부사를 역임했던 조엄(趙曮)이 탁월한 대조를 내놨다. 몰운대 앞에는 작은 섬들이 아름답고 고와서 마치 아리따운 여자가 꽃밭에서 화장을 하는 것과 같으며, 해운대 앞에는 암석이 삼면으로 둘러싸여 천명쯤 앉을 듯이 광활해 마치 장부가 품은 생각을 드러내는 것과 같다고 했다. 그렇다면 태종대는? 태종대는 섬 영도의 남쪽 끝에 있으므로 상대적으로 접근이 어려웠다. 하지만 해운대에 비해서도 태종대의 절경은 막상막하이다. 맑은 날에는 대마도가 보일 정도로 탁 트인 전경이 일품이며, 넓은 암반 위로 솟구친 기암괴석도 보는 이들을 놀라게 한다.

해운대

조선시대에 해운대는 한적한 어촌이었다. 푸른 파도가 넘실거리고 고기잡이배가 드나들며 백사장으로 둘러싸인 곳이었다. 해운대는 일본인들이 온천을 발굴하고 여관을 세우면서 점차 근대 관광지로 변모했다. 지금은 동백섬 일대를 넘어 근방을 모두 해운대라 부른다. 하지만 해운대는 원래 푸른 바다를 바라본 기암절벽 위에 소나무가 울창한 대(臺)를 일컫는 말이었다.

해운대 동백공원은 늘 차와 사람들로 넘친다. 동백섬은 부산 최고의 경관을 자랑하는 곳이다. 동백섬 등대광장에 서면 서쪽으로는 푸른 바다를 둥그렇게 머금은 누리마루 APEC 하우스와 날씬하게 직선으로 뻗은 광안대교가 빼어난 조화를 이루고, 동쪽으로는 해운대해수욕장이 출렁이는 파도를 안은 채 수줍게 고개를 든 달맞이고개를 향해 내달리고 있다.

해운대는 관광 명소이거니와 여행의 인문학적 의미를 되새기게 하는 장소이다. 동백섬 등대광장의 축대 옆에는 신라시대 대학자 최치원이 다녀간 흔적이 있다. 회색의 거친 암반에 '해운대(海雲臺)' 세 글자를 새긴 석각(부산시 기념물 45호)이다. 실은 이곳이 해운대의 발상지라 할 수 있다. '해운'은 최치원의 자(字)이다. 오랜 세월 해풍과 강우에 암면이 파이고 떨어져나갔어도 석각은 영락없는 최치원의 얼굴, 고뇌에 찬 지식인의 모습을 보여준다. 이곳은 최치원을 흠모하는 고려와 조선의 지식인들이 자주 찾는 명소였다. 고려의 문인 정포(鄭誧)는 '대는 황폐하여 없으나 오직 해운의 이름만 남아있구나.'라며 석각을 본 감회를 시로 읊었다. 이후에도 최치원의 발자취를 따라 해운대 동백섬을 찾는 지식인의 행렬이 이어졌다.

신라 말기에 나라 망하는 꼴을 바라봐야 하는 최치원의 답답한 심정을 달래준 것은 유람이었다. 때마침 만경창파의 해운대가 비경을 선사하면서 잠시나마 고뇌와 울분을 잊게 했을 터이다. 해운대 일대가 관광도시가 된 역사적 연원을 따져보면

해운대 석각

이로부터 출발한다. 해운대를 찾는 관광객들은 모두 최치원의 후예인 셈이다. 겉으로는 즐겁게 떠들고 노는 것 같아도 마음 한구석에 고민을 갖지 않은 사람이 없다. 하지만 해운대에 왔다면 최치원이 그러했듯 망망대해에 그 고심을 잠시라도 풀어놔야 한다. 말세의 절망조차 잊게 한 해운대였다. 그깟 인간사 고민 정도야 확 날려버릴 수 있지 않은가.

태종대

태종대(太宗臺)는 영도의 남쪽 끝에 위치한 명승지이다. 일본까지 지척거리라 청명한 날에는 대마도가 훤히 보인다. 태종대는 영도 봉래산이 바다와 만나 절벽으로 급강하하는 지형에 조성되었다. 성나게 달려오는 남해 파도를 정면에서 마주치기에 해안절벽이 가파르고 높다. 아찔하지만 높은 곳에서 남해 바다를 멀리, 더 넓게 바라볼 수 있어 장관이다.

등대 쪽에서 비탈길로 내려가면 해안가에 평평해 보이는 암반이 태종대이다. 이름의 유래에 대해서는 신라 태종 무열왕이 이곳에 와서 활을 쏘았다는 설과 일본을 토벌하기 전에 잠시 태종대에 머물렀기 때문이라는 설이 있다. 그러나 태종대의 자연환경을 보건대 둘 다 가능성이 높지 않아 보인다. 또 하나의 설은 조선 태종이 나라에 가뭄이 들자 이곳에 와서 비 내리기를 기원했다는 것이다. 그리하여 5월에 내리는 비를 태종우

(太宗雨)라고 하며 동래부사도 이곳에서 기우제를 지냈다는 이야기가 전해진다. 태종이 이 멀리까지 거둥했을 리는 없겠지만 기우제를 올리는 장소라는 설은 타당하다. 실제로 태종대 근처에는 신에게 제사를 지내는 신사(神祠)가 있었다.

태종대는 무릇 자연을 감상하는 유람의 장소이자 간절한 기원의 공간이었다. 태종대를 '신선대' 또는 '신선바위'라고도 한다. 신선이 내려와 즐길 정도의 아름다운 해안절경을 품었다는 의미이다. 얼마나 아름다웠던지 신선이 내려와서 도끼자루가 썩는 줄도 모르고 시간을 보냈다고 한다. 또 선녀들이 내려와서 놀다가 아이를 낳았다는 전설도 있어 순산을 기원하는 여성들이 다녀간다고 한다.

태종대 암반 위에 사람처럼 서있는 긴 돌이 있다. 망부석이다. 왜구에 끌려간 지아비를 기다리다 돌로 변했다는 여인의 슬픈 이야기가 담겨 있다. 망부석 전설이야 해안가에 흔히 전해지는 민담이지만 태종대 망부석은 왠지 더 애처롭게 느껴진다. 비경을 함께 즐기지 못하고 홀로 남겨진 까닭인가?

몰운대

사하구 다대동에 위치한 몰운대는 선이 곱고 아기자기한 멋이 있다. 파도가 쉼 없이 부딪치는 가파른 해안절벽뿐 아니라 잔잔한 모래 해안이 펼쳐져 있고, 쥐섬을 비롯한 작은 섬 여러 개가 옹기종기 모여 있다. 실은 조선 중기까지 몰운대도 섬이었다. 하지만 낙동강에서 흘러온 토사가 쌓이면서 육지와 연결되었다.

몰운대(沒雲臺)라는 이름에는 구름과 안개 속에 잠겨 보이지 않는다는 뜻이 담겼다. 남해와 낙동강이 만나는 이 일대는 기상 변화가 크다. 자욱한 구름안개 사이로 어른거리는 몰운대는 마치 쓰개치마에서 얼굴을 살짝 드러낸 여인처럼 신비한 아름다움을 보인다. 다대팔경(多大八景)● 중에서 몰운관해(沒雲觀海)와 화손낙조(花孫落照)가 몰운대에서 보는 경치이다. 이곳에서서 바다를 바라보는 전망은 말할 것도 없고, 동쪽 끝자락에 있는 화손대(花孫臺)를 물들이는 붉은 노을은 다대포의 최고 자랑거리이다.

몰운대는 여성적인 아름다움만 있는 게 아니다. 조선시대 장부의 기개와 의로움도 서려있다. 역사적으로 이 일대는 군사적 요충지였다. 조선 정부는 다대포진(多大浦鎭)을 두어 해안 경비를 강화했다. 부산포해전이 일어났을 때 몰운대 앞바다는 격전지였다. 몰운대에 세워진 정운순의비(鄭運 殉義碑, 부산

● 일제강점기 다대포사립실용학교(현 다대포초등학교)의 최기성 교장은 다대포에서 가장 빼어난 경치 여덟 가지를 가리켜 '다대팔경'이라 명명했다. 제1경은 '아미산 응봉에 걸린 반달'(峨嵋玩月), 제2경은 '야망대에서 들려오는 나포의 후리질 소리'(夜望漁唱), 제3경은 '두송산 해질 무렵의 비취빛 하늘'(頭松晩翠), 제4경은 '남림에 걸려 있는 물안개 노을'(南林宿霞)', 제5경은 '팔봉에 되비치는 밝은 달빛'(八峰返潮), 제6경은 '화손대 바다의 붉은 노을'(化遜落潮), 제7경은 '목도, 서도, 귀도 사이에 뜬 돛단배'(三島歸帆), 제8경은 '몰운대에서 충신 정운을 생각함'(沒雲觀海)을 말한다.

시 기념물 제20호)가 그 흔적이다. 정운이 부산포해전에서 전사한 후 8대손인 정혁(鄭爀)이 다대포첨사●로 부임해 선조를 기리는 비석을 세웠다. 정운은 이순신 장군의 우부장(右部將)으로 임진왜란 때 혁혁한 공을 세운 인물이다. 이순신 장군이 남해에서 왜군을 격파하고 승전보를 올린 데에는 정운의 공로가 컸다. 한산도대첩에서는 정운이 왜적을 죽인 숫자가 절반을 넘을 정도였다고 한다. 가덕도 천성진에 왔을 때 그는 몰운대 바다에서 싸우다 죽기로 맹세했다. 선봉장으로 나선 정운은 동료의 만류도 뿌리치고 총포를 난사하는 가장 큰 왜선으로 돌진했다가 총탄을 맞고 숨졌다. 당시 이순신은 "내 팔이 잘렸다"고 통곡했으며 정운을 위해 직접 제문을 짓고 제사를 올려주었다. 해가 질 무렵 몰운대에는 어김없이 붉은 석양이 내린다. 그 노을에, 마지막 생애를 불태웠던 정운의 기상이 어려있으니 어찌 아름답지 않을까.

● 첨사(僉使)는 첨절제사(僉節制使)의 줄임말이다. 첨절제사는 종3품의 무관(武官)이다. 조선 정부는 변방의 주요 요충지를 지키기 위해 첨사를 파견했다.

전망 좋은 도시 명산

부산에는 바다만큼 산이 많다. 산을 등지고 바다를 바라보는 형국이라 부산의 지형을 흔히 배산임해(背山臨海)라고 한다. 바다를 보러 왔다가 산 구경을 먼저 하는 곳이 부산이다. 서북쪽에는 금정산, 동쪽에는 장산, 중앙에는 백양산과 황령산, 서남쪽에는 구덕산과 승학산이 있다. 이런 산들 사이로 도심지가 길게 늘어져 있다. 평지는 부족하고 산이 많으니 인구가 늘어날수록 산으로 올라가는 주민들이 생겨났다. 어떻게 보면 산동네 주민들의 사연은 부산의 자연지리로부터 말미암는다. 그래서 부산의 산에 올라 도시를 보는 일은 단지 매력적인 풍경을 감상하는 것이 아니라 부산의 살아있는 역사와 마주하는 일이다.

금정산

부산에서 가장 높은 산은 금정산이다. 금정산은 부산의 금정구, 동래구, 북구 등 3개 구에 걸쳐있다. 금정산 정상에는 암반들이 돌탑처럼 모여있다. 영겁의 세월 동안 풍화와 침식을 거치면서 지표면이 깎여 지하 속 암반이 솟아오른 것이다. 멀리서 보면 마치 자연이 만든 아름다운 조형 작품으로 여겨진다.

고당봉은 금정산의 주봉이다. 이곳에 올라서 보면 부산이 통째로 눈에 든다. 동쪽으로는 공덕산에서 내려온 산줄기가 회동수원지(오륜대 저수지)* 를 감싸고 장산까지 한달음에 달려간다. 성곽이 기개 있게 뻗어간 원효봉 너머로 동래 도심이 얼핏 보이고 그 뒤로 금빛을 한껏 머금은 동해가 출렁인다. 서쪽으로는 영도를 품은 봉래산이 남해 위로 잠시 어깨를 들썩이고, 바다와 만나 소멸되는 낙동강의 끝물도 장관이다.

금정산(金井山)의 이름은 금샘(金井, 부산시 기념물 제62호)에서 유래했다. 금샘은 금정산 꼭대기 거의 800미터 고지에 있다. 고당봉 능선을 따라 동남쪽 아래에 이르면 금샘이 있다. 이 금빛 우물에서 산 이름을 길어 올렸으니 금샘을 빼놓고 금정산을 말할 수 없다. 금샘은 백척간두에서 부산을 굽어보며 무한한 세월을 흔들림 없이 지나왔다.

* 1950년대 부산의 인구 증가에 따라 수영강 상류를 막아 식수원으로 조성한 저수지이다. 당시에는 '회동수원지'라 했고, 금정구 오륜동으로 행정구역이 바뀐 지금은 '오륜대저수지'라고 부른다.

밧줄을 타고 집채만 한 바위를 넘어야 금샘을 볼 수 있다. 금샘을 보면 절로 탄성이 나온다. 《신증동국여지승람》에는 '금정산 산마루에 3장(약 9미터) 정도 높이의 돌이 있는데, 위에 우물이 있다. 물이 항상 가득 차있고 가뭄에도 마르지 않으며 황금빛을 띤다.'고 했다. 날씨가 추워 얼음이 될지언정 암반 정수리에는 언제나 샘물이 가득 차있다. 전설에 따르면 금빛 물고기 한 마리가 오색구름을 타고 하늘에서 내려와 황금색 우물 속에서 놀았다고 한다. 석양이 질 무렵이면 노을이 우물에 풍덩 잠길 테니 샘물이 황금빛으로 보일 만도 하다. 이 신비한 금샘에 물이 마르면 큰 재앙이 온다는 속설이 전해진다.

금정산 금샘

가장 높은 곳에 있기 때문에 더 멀리 바라볼 수 있는 금샘이다. 금샘에서는 누구에게나 큰 세상이 열린다. 하늘과 땅, 산과 바다를 마주하니 신과 인간의 경계가 허물어진다. 저 아래로 도시 군락들이 작게 보이거니와 고통에 찌든 마음들도 먼지처럼 사라진다. 그 사이로 맑고 투명한 정신들이 샘솟고 큰마음이 꽉 들어찬다. 높은 금샘에 맑은 물이 고이는 것은 진정 이런 까닭이다. 인간과 신의 경계를 넘어 신비한 매력을 가진 곳이 바로 금정산이다.

황령산

황령산은 부산 시내를 전망하기 위해서는 꼭 가봐야 할 산이다. 부산 시내로 진입하면 눈에 가장 잘 들어오는 산이 황령산이기도 하다. 부산진구, 연제구, 수영구, 남구의 중심부에 우뚝 솟아 유달리 잘 보인다. 도심 중앙에 위치한 황령산은 오르는 길도 많거니와 차를 타고 정상까지 갈 수 있어 부산 사람들이 휴식과 전망의 공간으로 즐겨 찾는다. 황령산 정상에는 여러 곳에 전망대가 있다. 서쪽으로는 서면 일대와 부산시청 인근을 바라볼 수 있고, 동쪽으로는 광안대교와 해운대가 펼쳐지며, 남쪽으로는 영도 바다 일대가 보인다. 마치 지리 교과서처럼 부산의 산과 지리를 한꺼번에 생생하게 설명해 준다.

누구나 황령산 정상 부근에 가보면 암석이 많고 숲은 적어 거친 산이라고 생각한다. 예부터 황령산(荒嶺山)을 '거칠산' 또는 '거츨산'이라 불렀다. 황(荒)이 거칠다는 뜻이다. 이곳에 신라에 복속되기 전의 거칠산국(居漆山國)* 이 있었다. 탈해 이사금 시절 신라의 거도(居道)가 거칠산국을 멸하고 신라에 병합시켰다. 거칠산국이라는 이름이 황령산에서 비롯되었으니 황령산은 부산의 고대국가를 상징하는 지명이었을 터이다.

황령산은 또한 우리나라 남쪽 영토를 방어하는 전략적 거점이었다. 내륙과 바다를 한꺼번에 살필 수 있기에 조선시대에 왜구 침입에 대비해 봉수대를 설치했다. 현재 황령산 정상에는 5개의 굴뚝이 있는 봉수대가 복원되어 있다. 봉수대는 낮에는 연기를 피우고 밤에는 불을 피워 변방의 소식을 한양의 남산 봉수대에까지 전달하는 통신수단이었다. 평시에는 불을 한 개만 피우지만 적이 나타나면 두 개, 접근해 오면 세 개 등으로 전투 상황에 가까워질수록 개수를 늘린다. 동구의 구봉산 봉수대로부터 연락을 받은 황령산 봉수대는 해운대의 간비오산 봉수대로 소식을 전했다.

* 거칠산국은 삼한시대의 소국(小國)으로서 지금의 부산 동래구 지역에 있었다. 신라에 편입된 이후 거칠산군으로 바뀌었으며 나중에는 동래군으로 개명되었다.

백양산

백양산(白楊山)은 부산진구, 북구, 사상구에 걸친 산으로 부산의 서쪽을 막아준다. 3개 구에 넓게 걸쳐있으나 무섭게 용솟음치지 않으며 화려함을 뽐내지도 않는다. 이 산 정상에 서서 유유히 흐르는 낙동강과 김해평야를 확연히 감상할 수 있다.

백양산은 운수산 또는 선암산으로도 불린다. 산자락에 있는 두 산사(山寺) 때문에 붙은 이름인데, 백양터널을 사이에 두고 서북쪽에 운수사, 동남쪽에 선암사가 마주보고 있다. 두 곳 모두 백양산을 대표하는 사찰로서 소중한 문화유산들을 품고 있다. 특히 부산시 유형문화재 제91호로 지정된 운수사 대웅전은 범어사 대웅전, 장안사 대웅전과 함께 부산의 오랜 불교사를 보여주는 건축물로 꼽힌다.

운수사 대웅전은 조선 전기에 세웠으나 임진왜란 때 불타 버려 1660년에 재건한 모습이다. 단층 맞배지붕을 이고 기둥에만 주심포를 얹은 모양새가 담백하면서도 절제된 백양산을 빼닮았다. 정면 3칸, 측면 3칸의 작은 규모이지만 위엄과 기품이 느껴진다. 좌우에는 용왕각과 삼성각이 뒤로 물러선 채로 대웅전을 받들고 있다. 조금 더 멀리서 경내를 바라보면 백양산이 운수사를 품고 운수사가 대웅전을 안은 모양새이다.

백양산은 타오르는 가을 끝에 가면 특히 아름답다. 백양산이 부르는 늦가을의 초대는 거절하기가 자못 어렵다. 보배와 같은 단풍길이 펼쳐지기 때문이다. 만추의 백양산은 보는 것보다 밟는 것이 아름답다. 숲길을 사부작 걸으면 낙엽이 사각거리며 부서진다. 이 울림 속으로 스트레스는 빨려 들어가고 그 자리에 여운과 행복이 채워진다. 단풍은 이렇게 낮은 곳을 향해 떨어지는 것은 물론이고 제 몸조차 부수는 소신공양으로 백양산의 숲길을 보배롭게 만든다.

승학산

태백산맥의 지맥인 금정산맥이 남으로 쭉 내려와 바다에 막혀 멈춘 곳에 여러 산들이 멍울져 있다. 사상구, 사하구, 서구에 걸친 구덕산, 승학산, 시약산이 그들이다. 산마다의 아름다움과 멋이 있건만 개중 조망이 뛰어난 곳은 승학산(乘鶴山)이다. 승학산이라는 이름은 고려 말 무학대사가 이곳의 산세를 보고 마치 학이 날아오르는 듯하다고 말한 데서 유래했다. 이름처럼 학을 타고 날아올라 남해를 바라보는 비상의 참맛을 느낄 수 있는 곳이다. 사상구와 사하구의 경계를 짓는 승학산에서는 낙동강이 남해와 만나는 장관을 볼 수 있다.

많은 등산객은 승학산을 오르는 여러 등반 코스 중에서 동아대 승학캠퍼스 뒷산을 선호한다. 등산 초반에는 을숙도를 비롯한 낙동강 하구가 보이지만 산을 타고 올라갈수록 시야가 넓어진다. 정산에 오르면 몰운대와 다대포항 앞바다가 한 아름에 안길 뿐더러 서쪽으로 길을 틀면 감천항도 눈에 감기듯 달려온다. 낙동강은 변함없이 바다로 흘러가고 남해는 어김없이 낙동강을 품어 대양으로 향한다. 강과 바다의 자연적인 흐름을 관찰하다 보면, 자신을 힘들게 했던 일상의 작은 고민들도 어느새 깊은 바다 속으로 사라져버리는 듯 느껴질 것이다.

승학산 정상부에 있는 억새밭도 일품이다. 산 정상에서 수만 평의 군락을 이루어 자라난 억새들이 바람에 몸을 뉘여 출렁이는 모습이 장관이다. 은빛과 금빛을 함께 머금은 채로 큰 파도처럼 넘실거리는 억새의 춤바람은 승학산에서만 볼 수 있는 또 하나의 향연이다.

낙동강의 민낯

낙동강 하구에는 작은 섬들이 옹기종기 모여있다. 사하구 다대동에 있는 아미산 전망대에 올라가면 낙동강 끄트머리를 지키고 있는 모래섬들이 한눈에 들어온다. 을숙도는 낙동강을 따라 길게 형성된 섬으로 이 하중도들 가운데 형님 격이다. 면적이 넓을 뿐만 아니라 동아시아의 대표적인 철새 도래지로 잘 알려져 있다. 매년 철새 손님들은 틀림없이 을숙도에 도착해 여장을 푼다.

을숙도 철새

을숙도 철새들은 알래스카나 시베리아 등 북반구에서 수천 킬로미터를 날아왔음에도 뛰고 노는 모습에서 지친 기색을 찾을 수 없다. 매년 잊지 않고 방문하는 철새 손님들 덕에 하구는 활력이 넘친다. 사람이 보기에 철새는 반가운 손님이지만, 철새가 보기에 낙동강은 자신들의 오래된 보금자리일 뿐이다. 요컨대 철새가 주인이다.

낙동강 하구는 새들이 둥지를 틀기에 안성맞춤인 갈대밭이 있고 작은 게, 새우, 갯지렁이, 곤충 등 맛있는 먹이가 풍족한 갯벌로 덮여 있다. 그러니 새들이 해마다 수천 킬로미터를 날아 을숙도에서 겨울을 나고 가는 관습을 조상 대대로 수십만 년째 이어온 것이다. 철새들은 풍요롭고 아늑한 이곳, 조상의 숨결이 밴 이 고장을 누구에게도 빼앗기고 싶지 않았으리라. 사람들도 친절히 철새의 손을 들어주었다. 1966년에 낙동강 하구 일대를 철새들의 고장으로 인정해 천연기념물 제179호로 지정했다. 겨울철새들은 겨울부터 봄까지 자타가 공인한 이 안식처에 와서 살다가 다시 먼 길을 떠나는 관행을 반복했다.

을숙도생태공원에 있는
낙동강하구에코센터

낙동강 하굿둑

하굿둑은 강의 생태계에 큰 혼란을 주는 시설물이다. 낙동강 하구를 가로막은 대규모 둑은 1983년 공사를 시작해 1987년에 완성되었다. 바닷물이 취수장 근처까지 거슬러 올라가 식수와 농업용수를 안정적으로 공급하는 데 방해가 된다는 이유에서다. 하지만 이는 말 못하는 약자이자 을의 처지인 철새에게는 억울한 일이다. 하굿둑 공사로 인해 을숙도와 낙동강 하구 일대에 지정했던 문화재보호지구의 일부가 해제되었고, 하루아침에 보금자리를 잃은 철새들은 다른 서식처로 옮길 수밖에 없었다. 하굿둑이 물길의 자유로운 통행을 막자 낙동강에 의존해 살았던 다른 생물종들도 덩달아 짐을 싸서 다른 곳으로 떠났다. 낙동강 철새의 수난시대는 이후에도 계속되었다. 을숙도 인근에 분뇨처리시설과 쓰레기매립장, 대교를 건립함으로써 철새들의 주거환경은 악화일로를 걸었다.

지금도 낙동강 하굿둑을 개방하는 문제로 줄다리기가 팽팽하다. 그러나 이 문제는 '절대 갑'인 사람의 입장이 아니라 낙동강 하구에서 살아가는 동식물의 처지에서 생각하는 것이 옳다. 강물이 흐르지 않는 동안 수질이 악화되었고 고귀한 생명들이 죽어나갔다. 대규모 토건사업은 사람에게 잠시 편리함을 가져다줄지 모르지만 결국은 환경파괴의 부메랑이 되어 돌아온다.

낙동강 하굿둑 전망대에 올라가면 오른쪽으로 넓게 펼쳐진

을숙도와 왼쪽으로 길게 이어진 하굿둑을 함께 조망할 수 있다. 이 단절의 공간에 서보면 낙동강 하굿둑의 개방은 사람만을 위한 것도 아니요, 철새를 비롯한 동식물들만 위한 것도 아니라는 사실을 깨닫게 된다. 그것은 그저 사람과 생물이 공존하는 지구, 지속가능한 세상을 향해 한걸음 다가서는 일일 뿐이다. 을숙도 철새들도 양 날개를 함께 흔들어서 비상하지 않는가!

낙동강은 짜다

역사적으로 부산을 비롯한 경상도 지역은 줄곧 낙동강 시대를 관통해 왔다. 오랫동안 낙동강은 교통의 대동맥이자 물류의 젖줄이었다. 낙동강을 따라 도시가 조성되고 시장이 형성되었으며 사람들이 모여들었다. 낙동강에서 유통되는 주된 상품은 소금이었다. 하구 사람들은 배에 소금을 한 가득 싣고서 낙동강을 따라 유유히 거슬러 올라갔다. 소금 배에서 풍기는 짠내가 낙동강 포구들을 적시다 강바람을 타고 저 멀리 안동에까지 미쳤다. 그래서 낙동강 시대는 자못 짜다.

조선시대 경상도의 대표 염전이 지금의 강서구 명지동에 있었다. 바로 '명지염전'이다. 다산 정약용 선생은 '나라 안에 소금 이득이 영남만 한 데가 없으며, 명지도 한 곳만 해도 1년에 구워내는 소금이 수천만 석'이라고 했다. 명지소금은 낙동강을 따라 영남 전역으로 뻗어갔다. 영조 시절에는 어사로 잘 알려진 박문수가 건의해 조선 정부가 운영하는 공염장(公鹽場)을 이곳에 설치했다. 당시 조선 정부는 전례 없는 흉년을 맞아 엄청난 복지 재원이 필요했고, 명지염전에서 생산된 소금을 쌀로 교환해 굶주린 백성을 구제할 수 있었다. 순조 시절에 공염장을 폐지했지만 일제강점기를 거쳐 1950년대까지 명지소금은 계속 출시되었다.

지난 낙동강 시대는 명지소금의 짠 역사 위에 서있다. 명지소금은 작지만 큰 알갱이였다. 영남 사람들의 식생활을 지탱한 것도, 음식의 간을 책임진 것도 명지소금이었다. 명지동 사람들이 뜨거운 태양 아래 소금 땀을 흘리며 생산한 이 작은 결정체야말로 거대한 낙동강 시대를 줄기차게 끌어올린 마중물이었다. 하지만 이제 명지염전의 역사는 오간데 없다. 파밭과 아파트단지 아래에 매몰되어 잊힌 과거가 되었다. 어쩌다 바람이라도 휘익 불어 파밭 아래의 백모래가 일어야 짜디짠 명지소금의 추억이 토박이 가슴에 뭉클 다가올 뿐이다.

어제 일도 기억하지 못하며 하루를 바쁘게 사는 사람이 태반이다. 하지만 우리의 오늘은 어제의 일들로 가득 채워져 있다. 어제를 모르는 사람이 어찌 오늘을 소중히 여기고 내일을 기약할 수 있겠는가. 그래서 역사의 장치가 꼭 필요한 법이다. 다가올 신(新) 낙동강 시대도 구(舊) 낙동강 시대가 개척한 강줄기를 따라 도도히 흘러야 한다. 흘러간 강줄기에서는 명지동 사람들과 명지소금의 짠내가 물씬 풍겼다. 작지만 큰 명지소금의 교훈에 비추어 낙동강 시대의 새로운 비전을 세울 수는 없을까? 이런 노력이 곧 법고창신(法古創新)이다.

갈대밭

낙동강 변에서는 어디서든 가을바람에 출렁이는 갈대들을 만날 수 있다. 가을 갈대밭 풍경은 보는 이의 마음까지 흔들어 놓는다. 여름을 지나면 갈대는 누런 갈꽃들을 피워 머리에 하나씩 꽂는다. 이 꽃들이 일제히 바람에 일렁이며 엄청난 금빛 물결을 만들어내는데, 이 갈빛 장관은 은빛으로 출렁이는 산마루의 억새밭에 결코 뒤지지 않는다.

낙동강 갈대밭에서 마음이 출렁이는 이유가 이런 화려한 모습에만 있지 않다. 갈대의 아름다움에는 어머니 주름살같이 거칠지만 정감어린 멋이 서려있고, 오랫동안 함께 어우러졌던 공동체정신의 아름다움이 살아있다. 갈대는 홀로 흔들리지 않고 무리를 지어 춤춘다. 개흙 깊숙이 박힌 갈대의 뿌리줄기는 옆으로 퍼지는 특성이 있다. 갈대가 습지를 따라 길고 넓게 군락을 형성하는 것은 이 때문이다. 갈대는 낙동강 사람들의 삶에도 깊고 넓은 뿌리를 내렸다. 강민(江民)들은 갈대밭에 견고히 붙박인 채로 오랫동안 함께 부대끼며 살아왔다.

낙동강 사람들에게 갈대밭은 삶의 터전이었다. 갈대는 쓰임새가 풍부한 생활자원이다. 품질이 좋은 갈대는 온돌에 까는 자리로 짜거나 삿갓으로 만들어 썼고, 갈대로 지붕을 잇고 집 주위에 울타리를 만들기도 했다. 질이 떨어지는 갈대라도 버릴 것이 없었다. 명지염전에서 소금을 굽기 위해서는 대량의 땔감이 필요했는데, 질이 떨어지는 추목(秋木)이라는 갈대는 제 몸을 소신공양해 고운 자염(煮鹽)을 생산하는 데 이바지했다.

낙동강 하구 지명들 가운데는 갈대와 관련된 유래를 품은 것도 있다. 강서구 대저2동에 염막마을이라는 곳이 있다. 염막(簾幕)은 '발을 만드는 막사'라는 뜻으로 발과 자리, 삿갓과 갈빗자루를 만드는 주민들이 모여 마을을 조성했다. 갈빗자루는 낙동강 갈대밭이 배출한 히트상품이었다. 산업화 시기까지도 사상구 감전동과 엄궁동 마을 주민들은 단체로 낙동강 하중도에 들어가 갈대를 채취해 갈빗자루를 만들어 팔았다고 한다. 이 지역에서 생산한 갈빗자루는 전국적으로 알아주는 상품이었다. 아직도 감전동에는 전통적인 방식으로 갈빗자루를 제작하는 장인이 있다.

삶의 터전에는 아름다움만 있는 게 아니다. 낙동강 하구가 전국에서 으뜸가는 갈대 생산지로 부상하자 궁궐이나 관청의 권세가들이 세금을 챙기기 위해 득달같이 달려들었다. 낙동강 갈대밭에 대한 수탈은 오랫동안 이어졌다. 현대에도 낙동강 모래톱을 차지하려는 유력자들의 등쌀에 강민들이 삶의 터전을 잃었다. 하지만 갈대는 바람에 흔들릴 뿐 꺾이지 않는다. 이것이 갈대의 진정한 아름다움이다.

포구의 흥망성쇠

낙동강 하구에는 큰 포구를 비롯해서 작은 나루터까지 배가 드나들고 뱃길이 이어지는 선박 정류장이 수십 개 있었다. 그중에서도 하단과 구포는 낙동강의 최대 포구로 손꼽힌다. 낙동강 최남단에 위치한 하단 포구는 바다와 내륙 수운이 서로 연계되는 요충지였다. 다대포 바다와 인접해 수심이 깊고 대형 선박의 정박도 가능했다. 포구 건너편에 소금 생산지가 있었기에 하단은 소금, 젓갈, 생선 등을 실은 소금배가 출발하는 기점이 되었다. 조선시대 하단에는 소금 유통을 주도하는 객주가 있었고, 개항기에는 여러 객주가 참여하는 객주조합이 결성되어 낙동강 물류를 담당했다. 특히 소금과 곡물 거래가 활발했던 하단에서는 5일과 10일에 장이 열렸다.

번성했던 하단 포구도 20세기 벽두를 정점으로 시들어갔다. 육상교통의 총아로 등장한 경부선 철도가 구포를 거쳐 가면서 포구의 재편이 시작된 것이다. 철도와 배편이 서로 연결되는 구포가 부상한 반면, 배편에만 의존하는 하단은 쇠퇴했다. 구포는 곧 낙동강 연안에서 최고의 곡물 집산지로 떠올랐고 도정업이 크게 발달했다. 배편에 실려 온 나락들이 구포의 정미소에서 도정을 거쳐 다시 철도를 타고 부산까지 운송되었다. 곡물 외에도 포목, 석유, 소금, 젓갈, 명태 등이 구포에 집산된 후 다른 지역으로 운송되었다. 일제강점기 낙동강 하류의 최고 포구는 단연 구포였다. 하지만 낙동강 뱃길이 사라지면서 구포도 점차 포구로서의 기능을 상실해 갔고, 산업화 시기에는 경부선이 통과하는 철도역으로만 인식되었다.

이야기와 함께 넘는 고갯길

서울 사람들이 부산에 와서 고개를 갸우뚱하는 일이 있다. 푸른 바다가 넘실거리는 부산을 생각했건만 막상 와서 보니 산과 언덕들로 가득 찼기 때문이다. 산이 많은 부산에는 당연히 터널도 많다. 수정터널, 백양터널, 구덕터널, 영주터널, 부산터널, 만덕터널 등등. 예전에는 부산을 잘 모르는 여행객들이 동전을 준비하지 않은 채 자가용을 몰고 터널 요금소에 들어갔다가 당황하는 사례가 많았다. 하이패스가 생긴 이후로 크게 나아진 셈이다.

고개와 터널

부산 도처를 걸어서 다니던 시절에 산은 정말 넘기 힘들었다. 부산 도보꾼들은 산의 비탈진 지형인 고개를 찾아 다녔다. 대티고개, 영선고개, 만덕고개, 모너머고개, 문현고개 등 부산의 고개들은 걷는 거리와 시간을 단축해 주었다. 고개는 지름길인 동시에 마을이나 고을을 구분하는 지리적 경계였다. 예컨대 모너머고개는 부산포와 동래부를 경계 짓는 분수령이었다.

오일장을 찾아다니던 장돌뱅이들에게 고개는 어쩔 수 없이 넘어야 하는 통로였다. 남구 용호동의 아낙네들이 분개에서 생산한 소금을 이고 초량이나 서면으로 가기 위해서는 문현고개를 넘어야 했다. '지게골고개'라고도 불린 이 길에는 소금장수들의 애환이 서려있다. 동래장과 구포장을 왕래하던 보부상들은 반드시 만덕고개를 넘어야 했다. 동래 사람은 이 고개를 '구포고개'라 불렀던 반면, 구포 사람은 '동래고개'라 불렀다. 만덕고개는 유달리 험하고 가파른 깔딱고개였지만 동래장과 구포장을 최단거리로 연결시켰다. 대티고개는 부산 서쪽으로 가는 길목이다. 부산진에서 하단장을 보러 가려면 반드시 대티고개를 넘어야 했다. 사하구의 괴정과 하단 사람들은 이 고개를 '재첩고개'라 불렀다. 아낙네들이 낙동강 재첩을 들고 부산장에 팔러 다녔기 때문이다.

고개에 얽힌 도둑 전설

고개를 넘으면 새로운 마을과 마주쳤고 그곳에서는 다른 풍속과 인심을 볼 수 있었다. 그런데 이 고마운 고개에서 반갑지 않은 불청객을 마주치기도 했다. 고개를 넘다가 도둑을 만나는 사건이 자주 발생한 것이다.

소나무가 울창했던 대티고개에서는 도적과 마주치기 일쑤였다. 혼자서 넘다가는 낭패를 당할 수 있으므로 괴정삼거리에서 여럿이 모인 뒤 함께 고개를 넘었다. 구포의 장꾼들이 부산포에 가기 위해서는 구덕령을 넘어야 했다. 이곳에는 무서운 산적이 자주 출몰하는 산적바위가 있었다. 보부상들은 이 산적 떼를 피하기 위해 반대편의 높은 망바위에서 망을 본 뒤 고개를 넘었다고 한다. 고개에서 마주친 도둑 이야기가 입소문을 타고 퍼지면서 하나의 설화가 되었다.

만덕고개는 부산의 고개들 가운데 최고의 산적 아지트였다. 1만 명이 무리를 지어 넘어야만 도둑을 피할 수 있다고 해서 '만등고개'라 불렀을 정도다. 만등고개에서 전래되는 설화로 빼빼영감 이야기가 있다. 빼빼영감은 동래장과 구포장을 오가며 삿자리•를 파는 홀아비였다. 피골이 상접할 정도로 말라서 빼빼영감이라 불렀다. 어느 날 이 영감이 장꾼들이랑 만덕고개 주막에서 쉬고 있는데 갑자기 도적 떼가 나타났다. 무서운 도적들이 장꾼들을 묶고 돈과 물건을 내놓으라고 호통을 쳤다. 이때 빼빼영감이 나서서 애원했다. "여기 장꾼들은 겨우 끼니를 때우며 사는 불쌍한 사람들이오. 이런 사람들의 물건을

• 삿자리는 갈대를 엮어서 만든 자리를 말한다.

털어서야 되겠는가." 말을 마치기 무섭게 산적들은 빼빼영감을 발길로 차고 뭇매를 가했다. 그런데 갑자기 빼빼영감이 밧줄을 풀고 비호같이 달려가 산적들을 때려 눕혔다. 겁에 질린 산적들이 모두 도망갔고 다친 놈들 몇이 남았다. 장꾼들은 이 도적들을 잡아 동래로 가자고 했으나 빼빼영감은 더 이상 도둑질을 하지 않을 테니 풀어주자고 했다. 그는 장꾼들에게 술과 안주를 배불리 제공한 뒤에 오늘 일어난 일은 발설하지 말라고 신신당부했다. 며칠 뒤에 장꾼 한 사람이 빼빼영감 집을 찾아갔으나 그는 사라지고 빈집만 덩그렇게 남아있었다. 이후로 그의 행방을 아는 사람은 아무도 없었다.

모너머고개는 부산진구의 전포동에서 양정동으로 넘어가는 낮은 언덕으로, 과거 동래부와 부산포를 왕래하려면 반드시 넘어야 하는 고개였다. 일제강점기에 신작로 공사를 하면서 고개가 사라졌고, 현재 송상현 동래부사의 동상이 우뚝 서있다. 이 고갯마루에 있는 공동묘지는 산적들의 주 무대였다. 동래와 부산을 통틀어 양대 산적 아지트를 꼽는다면 만덕고개와 모너머고개를 들 수 있다. 모너머고개의 지명은 '못 넘는 고개'에서 유래되었다고 한다. 산림이 울창하고 산적 떼가 들끓어 넘을 수 없다는 뜻의 '못 넘는 고개'가 모너머고개로 바뀌었다는 얘기다. 모너머고개에도 여러 설화가 전래되는데 그중 하나가 산적을 따돌린 할매 이야기이다. 자수를 만들어 팔던 할매가 어느 날 밤늦게 모너머고개를 넘게 되었다. 할매의 저고리 속에는 부산장에서 장사를 해서 번 돈이 있었다. 산적을 만날지 모른다는 생각에 겁이 난 할매는 꾀를 냈다. 비록 혼자지만 여러 일행이 있는 것처럼 지껄이는 속임수였다. 산적들은 마침 무덤 뒤에 숨어있었지만 많은 사람이 떠드는 왁자지껄한 소리에 할매를 잡지 못하고 미행만 했다. 주막집 근처에 이르렀을 때 "도둑이다, 사람 살려라." 하고 소리치며 뛰어가는 걸 보니 할매 한 명이었다. 도적들은 다시 산길로 달아나면서 이렇게 말했다고 한다. "우리보다 네 년이 더 도둑년이다."

부산의 보물섬,
영도

영도의 원래 이름은 절영도(絶影島)이다. 그림자(影)가 보이지 않을 정도(絶)로 빠르게 달리는 말이 있다고 해서 '절영도'라 불렸다. 이곳에 말갈기를 휘날리며 달리던 말목장이 있었던 것이다.

신라시대부터 절영도에 목마장이 생겨났다. 신라는 풀이 많고 맹수의 침입도 막을 수 있는 섬에 국마장(國馬場)을 설치했다. 부산 남쪽에 있는 절영도는 목마장을 설치하기에 좋은 장소였다. 목마장에서 자란 절영마(絶影馬)들은 명마로 소문이 났다. 신라 성덕왕이 김유신의 공헌을 높이 평가하면서 손자인 윤중에게 총애의 선물로 준 것이 절영마였다. 견훤은 고려 태조에게 절영마 한 필을 주었다가 다시 돌려달라고 했다. 절영도의 명마가 고려에 이르면 후백제가 망한다는 참언을 들었기 때문이다. 절영마의 가치를 헤아릴 수 있는 대목이다.

조선시대까지 영도는 국마장으로 사용되었다. 지금의 봉래동 로터리 부근을 '고리장'이라고 한다. 이곳에서 둥그렇게 말목을 쳐서 말들을 검사했기 때문이다.

봉래산 영도할매

봉래산은 영도 중앙에 솟은 산이다. 멀리서 영도를 보면 봉래산이 곧 영도로 보인다. 봉래산 산세가 섬 전체를 감싸고 있기 때문이다. 봉래산은 도교에서 신선이 사는 산으로 일컫는다. 여름의 금강산도 봉래산이라 부른다. 절영진의 3대 첨사인 임익준이 이곳에 봉래산이라는 이름을 붙였다고 한다. 영도 봉래산 정상에서는 부산 원도심권 일대를 비롯해 부산항과 오륙도의 경치가 한눈에 들어온다.

영도 주민들은 봉래산 산신을 '영도할매'라고 부른다. 산 정상에 가면 할매바위가 있고 그 앞에서 등산객들이 기도를 드리는 모습을 볼 수 있다. 할매바위는 신성한 공간으로 여겨 함부로 올라가지 않는다. 주민들 사이에는 영도할매에 얽힌 속설이 하나 전해져 내려오는데, 심술궂은 영도할매가 주민들이 영도를 떠나 자신이 보이는 곳으로 이사를 가면 3년 안에 망하게 한다는 얘기다. 이는 아마도 작은 섬에 정착해 살던 순수한 영도 사람들이 육지로 나갔을 때 부딪힐지 모르는 고난에 대한 경고였다고 읽힌다.

조내기 고구마

우리나라 고구마 시배지는 다름 아닌 부산이다. 1763년 통신사로 일본에 파견된 조엄이 처음으로 쓰시마에서 고구마 종자를 구해 부산진으로 보냈고, 그는 이듬해 귀로에도 고구마를 구해 동래로 가져왔다. 부산의 한 향토사학자는 조엄으로부터 고구마 종자를 받은 이응혁 부산첨사가 영도 동삼동 해안가에 고구마를 처음 심었다고 주장한다. 조엄은《해사일기》에서 문익점이 목화를 퍼뜨리듯이 고구마도 퍼뜨린다면 백성에게 큰 도움이 될 것이라 말했다. 이후 동래부사로 부임한 강필리가 이 종자를 시험 재배해 성공을 거두었고, 동래의 고구마를 이웃마을뿐 아니라 제주도와 한양으로도 보냈다. 그로 인해 고구마가 전국에 퍼지게 된 것이다.

영도는 조내기 고구마의 산지로 유명했다. 청학동과 동삼동 일대에서 생산된 조내기 고구마는 작고 붉은 빛을 띠었으며 일제강점기에 대마도로 역수출되기도 했다. '조내기'의 뜻을 '조엄이 재배해 내었다'로 풀이하지만 확실치는 않다. 한 영도 토박이는 조내기가 작다는 뜻의 '쪽내기'에서 유래했다고 한다. 분명한 사실은 작고 단맛이 강한 이 조내기 고구마가 국내 고구마 시배의 기억을 되찾는 실마리라는 점이다.

영도의 대한도기

일제강점기 영도에는 여러 공장이 세워져 산업기지로서 기능을 했다. 대한도기주식회사의 전신이었던 조선경질도기도 그렇게 세워졌다. 이 회사는 우리나라 도자 산업에 큰 영향을 끼쳤다. 조선경질도기는 1917년 일본 가나자와에서 설립된 일본경질도기의 부산지점으로 출발했다. 지금의 영도구 봉래동 미광마린타워 아파트 자리였다. 일제 말기에는 도자 산업을 군국주의에 이용하기도 했다. 전쟁을 미화하는 그림을 새긴 도자기를 만들어 출시했고, 무기 재료로 사용하기 위해 주민들의 놋그릇을 빼어가는 대신 지급한 공출보국(供出報國)* 의 식기들도 제작했다.

해방이 되자 조선경질도기는 양산의 국회의원 지영진에게 불하되어 대한도기로 재탄생한다. 대한도기가 새로운 도약을 꿈꿀 무렵에 한국전쟁이 일어났다. 한국전쟁은 심각한 국가적 위기였지만 대한도기에는 변화의 기회였다. 전쟁이 발발하자 유명한 화가들이 모두 부산으로 피란을 온 것이다. 이름만

* 공출보국은 국가에 충성하기 위해 자신이 소유하고 있는 살림살이 등을 바치는 행위를 말한다. 일제는 각 가정에서 놋그릇을 빼어가는 대신 '공출보국'이라고 적힌 사기그릇을 지급했다.

** 이당(以堂) 김은호(1892~1979)는 한국화를 그린 화가이다. 특히 세밀한 초상화를 잘 그리기로 유명하다. 하지만 일제 말기에 황군을 찬양하는 그림을 그려 친일행위자로 비판을 받고 있다.

들어도 쟁쟁한 김은호, 변관식, 이중섭, 장우성 등이었건만 피란수도 부산에서는 모두 하루살이 처지였다. 그래도 이름난 화가들이었으므로 일자리를 가질 수 있었는데, 이들이 대한도기에 취업해 접시에 그림 그리는 일을 했다. 김은호(金殷鎬)** 의 화풍을 따라 한국의 풍속을 사실적으로 그린 접시들이 대량 생산되었다. 그렇다고 기계로 일반 식기를 생산하듯 마구 찍어낸 것은 아니다. 손으로 직접 그리는 핸드페인팅 기법을 도입해 만든 감상용 도자기였다. 산업화 시기까지 대한도기는 우리나라 도자 산업을 선도했다. 대한도기의 도자기들은 우리나라 사람들이 갖기를 희망하는 고급 제품이었다.

임시수도기념관에 전시되어 있는 대한도기 제품들

갈매기와 함께 걷는 갈맷길

갈맷길은 부산의 둘레를 돌아보는 길이다. 전체 9코스로 700리나 된다. 갈맷길은 '갈매기'와 '길'의 합성어로 이름에서도 바다 냄새가 난다. 사람들은 갈맷길 위에서 많은 것을 얻는다. 건강을 되찾는 것은 물론이요, 아름다운 풍경을 관찰한다. 지난 과거를 뒤돌아보고 자아를 성찰할 기회를 갖기도 한다.

갈맷길은 바다를 끼고 돌기에 특별한 매력을 더한다. 전국 대부분의 둘레길은 산속 깊은 경치와 옛 길손들의 정취를 느낄 수 있는 데 반해 현실과는 좀 동떨어졌다는 아쉬움이 있었다. 하지만 짙푸른 망망대해를 펼쳐주면서도 사람들로 북적거리는 도시를 힘껏 감싸고 있는 갈맷길은 그런 아쉬움을 털어줄 뿐 아니라 우리가 발 딛고 사는 오늘을 벗어나지 않고도 자신을 관조하는 여유와 색다른 낭만에 빠질 수 있게 한다.

남구 이기대길

이기대길은 수영만 바다를 푸르게 조망하면서 걷는 길이다. 이 길에서는 푸르고 푸른 부산의 형용을 진하게 느낄 수 있다. 바다도 푸르고 도시도 푸르고 산도 푸르다. 이기대길은 남구 이기대수변공원을 따라 조성되었다. 용호동 동생말에서 오륙도 스카이워크(총 4.7km)까지 이어지는 길로 부산 사람들이 주말에 가장 많이 찾는 길이다. 이기대길에서는 멀리 광안대교와 해운대 마린시티, 누리마루 APEC 하우스, 달맞이고개가 푸른 바다 위에 둥둥 떠 있는 것처럼 보인다. 이따금 해무가 해안을 따라 길게 낀 날에는 안개 위로 어슴푸레 보일랑 말랑 하는 해운대의 모습이 마치 상상의 섬처럼 신비스럽다.

이 길에는 물론 푸름만 있는 것은 아니다. 바다를 더 푸르게 돋보이게 하는 누런 암반들이 펼쳐져 있다. 해안절벽 아래로 넓고 편평한 암반들이 바닷가에 돌출되어 있다.《동래영지》에서는 두 기생의 무덤이 있어 이기대(二妓臺)라 부른다고 했다. 그것이 제대로 된 설명일까? 설(說)을 하나 추가하자면 이기대(異奇臺)는 어떨까? 누런 암반들이 바닷길을 따라 끊임없이 펼쳐진 모습이 '이상하고 기묘한, 편평한 장소'라는 의미이다. 여하튼 기이한 암반으로 나가보면 돌개구멍들이 우물처럼 파여 있다. 수만 년 동안 파도가 회전하면서 깎아 만든 구멍이라고 한다. 이외에도 해식동굴, 치마바위, 농바위 등 파도와 암반이 만나 이루어낸 천연 조형 작품들이 눈을 기쁘게 한다.

이기대길의 끝에는 사람이 만든 명소인 오륙도 스카이워크가 있다. 해안절벽 위에 유리를 깔아 아찔하게 다닐 수 있도록 한 다리이다. 이곳에서는 오륙도를 아주 가까이에서 볼 수 있다. 멀리서 볼 때는 몰랐지만 오륙도가 굉장히 큰 섬으로 느껴질 것이다. 오륙도는 부산항으로 들어오는 배가 처음 마주치는 섬으로, 먼 항해를 마치고 돌아오는 선원들에게는 반가운 랜드마크이다.

오륙도(五六島)라는 이름은 동쪽에서 보면 여섯 봉우리이고 서쪽에서 보면 다섯 봉우리가 된다고 해서 붙었다. 또 육지에 가장 가까운 우삭도 때문이라는 말도 있다. 우삭도는 원래 하나의 섬이지만 밀물일 때는 방패섬과 솔섬으로 나뉘어 보인다. 썰물일 때는 오도(五島)이고 밀물일 때는 육도(六島)인 셈이다. 하지만 오륙도 스카이워크에서 내려다보면 섬들이 일렬로 이어져 거의 두 개의 섬인 이도(二島)로 보인다. 육지에서 가까운 방패섬과 솔섬이 하나의 섬, 그 다음으로 이어지는 수리섬, 송곳섬, 굴섬, 등대섬이 모두 하나의 섬으로 보이는 것이다.

서구 송도 볼레길

갈맷길에서 가지를 친 볼레길은 행복한 바닷길이다. 볼레는 '볼래'와 '둘레'를 조합해서 만든 말이라고 한다. '풍부한 볼거리를 둘러보는 길'이라는 뜻으로 해석할 수 있겠다. 송도 볼레길을 자유롭게 걷게 된 때는 얼마 되지 않았다. 불과 이십 년 전의 일로, 그 전에는 오랫동안 암남공원(서구 암남동에 있는 공원) 일대를 통제했다. 일제강점기에는 이곳에 동물전염병을 예방하기 위한 혈청소(수역혈청제조소)를 세웠고, 해방 후에는 해안가를 경비하는 군부대가 들어섰다. 조개 속의 빛나는 진주처럼 아는 사람들 사이에서만 숨겨진 비경으로 회자되었을 뿐이다. 그러다 1997년 이후 암남공원이 완전 개방되면서 이 부근 해안절경을 만끽할 수 있는 볼레길도 열렸다.

볼레길은 숲길과 바닷길을 함께 걸을 수 있다. 태고의 숲을 품은 암남공원을 한 바퀴 돌아서 지구가 마술을 부린 해안절벽을 따라 걷다가 우리나라 최초의 공설 해수욕장인 송도해수욕장에서 끝을 맺는다. 이 일대는 암남반도와 송도만이 어깨를 나란히 하고 있다. 암남반도는 천마산 줄기가 남쪽으로 뻗다가 대마도를 바라보며 우뚝 멈춰 선 형세이다. 반도의 바깥 언저리는 치마를 바짝 두르듯 적갈색과 녹회색의 절벽으로 장식되어 있다. 1억 년의 세월을 통과하며 형성된 암석들이 층층이 쌓인 이 낭떠러지를 암남동 사람들은 '시루떡바위'라 불렀다. 이야말로 어느 지질학자도 표현할 수 없는 최고의 정의이다. 길손들은 끝 간 데 없이 펼쳐지는 시루떡바위를 따라 걸으면서 자기 삶의 층위들까지 돌아본다.

암남반도가 방파제처럼 성난 파도를 막아주기에 송도만은 평온하고 여유롭다. 그리하여 볼레길에서는 절벽을 내리치는 성난 파도와 잔잔히 밀려오는 푸근한 파도를 동시에 감상할 수 있다. 두 얼굴의 파도처럼 우리 인생도 늘 세파로 휘몰아치는 것도 아니요, 늘 따뜻한 봄날만 지속되는 것도 아니다.

자신의 속을 깊게 깎은 오목한 해안선에서 송도해수욕장이 염화미소를 짓고 있다. 일제강점기에 한 신문은 이 해수욕장을 일컬어 '항아리 속에 잠긴 듯한 호수'라고 표현했다. 송도해수욕장이 천혜의 입지조건에 들어섰음을 의미한다. 고개를 들어 남쪽 바다를 보면 크고 작은 배들이 바다 위에 두둥실 떠있다. 선박들의 바다 주차장인 묘박지(錨泊地)이다. 배도 사람처럼 쉬어야 하는 법. 나날이 거친 대양을 뚫고 항해한 선박들은 눈을 붙이고 휴식을 취해야 한다. 부산 바다는 지치고 힘든 배들에게 이렇게 쉼과 에너지를 보충해 준다.

볼레길이 없었다면 품이 넓은 부산의 존재감을 깨닫지 못했을 터. 이 길을 쭉 걷다보면 부단히 자맥질하는 송도 해녀• 들도 만날 수 있다. 해녀에게 바다는 먹거리를 수확하는 일상의 삶터이다. 볼레길은 이렇게 한시도 볼거리를 놓치지 않고 구불구불 이어져 간다.

• 부산의 영도, 송도, 기장 등에는 해녀들이 많다. 처음에는 제주도 해녀들이 영도로 이주했으며 점차 부산의 여러 지역으로 퍼져나갔다. 암남어촌계에 속한 송도 해녀들은 멍게, 해삼, 전복 등을 채취해 송도해수욕장 부근에서 판매하고 있다.

영도구 흰여울길

영도구 영선동의 흰여울길은 사람 내음이 물씬 나는 바닷길이다. 흰여울문화마을을 통과하는 이 길을 걷다보면 사람과 바다 사이가 결코 멀지 않음을 깨닫게 된다. 부산 사람들이 바다에 어떻게 기대고 살았는지를 여실히 알 수 있다. 여울은 지형이 얕고 좁아 센 물살이 흘러 물보라가 치는 곳을 말한다. 큰 비라도 오면 영도 봉래산 기슭에서 내려오는 물줄기가 바다로 내려침으로써 흰 물보라를 뿜어내는 것이 마치 흰 여울과 같다고 해서 붙은 이름이다.

예전에는 흰여울길보다는 '이송도'라고 불렀다. 이 길의 바다 건너편에 송도가 있다. 진짜 송도가 1송도이고 흰여울은 2송도인 것이다. 빼어난 경치는 송도에 뒤지지 않는데 왜 두 번째 송도라 했을까? 한때 송도는 부산에서 첫째가는 화려한 관광지였다. 그에 비하면 해안절벽 기슭에 피란민들이 모여 사는 이곳은 2송도쯤이라는 것이다. 하지만 이곳은 송도와 다르다. 무엇보다 이 바닷길에는 사람이 살고 있고 사람을 볼 수 있다. 그리하여 나를 휘감는 생각의 여울을 짐짓 바라볼 수 있는 길이다. 바다가 내어준 인생의 길이다.

흰여울길 입구에 서면 정말 높은 축대 위에 다닥다닥 붙은 집들의 경관이 한눈에 든다. 놀랍다. 그 길을 따라가면 흰여울 마을의 속살이 드러난다. 작은 하꼬방, 좁은 골목, 층층계단, 대야 속 텃밭, 바다 빨래줄, 길 마당 등. 작지만 정결하고 좁아도 배려가 넘친다. 그래서 정겹다. 아름다운 바다와 푸른 하늘, 멋진 경치 아래에도 이렇게 사람은 살고 있었다. 자못 궁금해진다. 흰여울마을에는 누가 살고 있는지, 그들은 어떻게 살아왔는지 묻고 싶다.

흰여울문화마을에서 촬영한 영화 〈변호인〉이 2013년에 개봉되었다. 이 길이 본격적으로 여행객들에게 알려진 것도 이때부터다. 한 해 먼저 개봉한 〈범죄와의 전쟁〉도 여기서 촬영했다. 〈변호인〉에서는 고인이 된 배우 김영애가 "니 변호사 맞재? 변호사님아, 니 내 쫌 도와도."라고 간절히 부탁한다. 부림사건에 연루된 아들을 구하려는 절박한 심정에서 나온 말이다. 이 한마디가 변호인의 인생을 송두리째 바꿔버렸다. 변호인이 피의자를 버리지 않았듯이 바다도 사람을 내치지 않았다.

벤치에 앉아 송도 바다를 물끄러미 바라보면 시간이 멈춘 듯하다. 묘박지에 주차한 선박들도 움직일 줄 모른다. 빨래줄에 널린 옷가지들만 이따금 바닷바람에 펄럭일 뿐이다. 햇볕에 반사된 파도가 눈부시게 빛난다는 사실이 새삼 아름답게 느껴진다. 흰여울마을 사람들은 세찬 여울을 견디면서 이곳에 적응해 살았다. 이 길을 걷다가, 바다를 보다가, 이웃과 소통하고 공감하면서 다시 힘을 얻었을 터이다. 그래서 우리도 이 길을 찾는 것일까.

영도 해안가에 있는 흰여울문화마을

2

맛있는 부산,
멋있는 부산

국수에서 밀면까지, 부산의 누들로드

누들(Noodle)은 가늘고 긴 국수를 말한다. 한문으로 면(麵)이라 표기한다. 누들은 지구 전역에 퍼져 있는 음식으로 세계 사람들의 식탁을 점령했다 해도 과언이 아니다. 음식학자들에 따르면 누들은 문화 전파 및 문명의 이동성을 분명하게 보여주는 음식이다. 교역, 전쟁, 탐험은 누들이 세계로 퍼지는 계기가 되었다. 그리하여 실크로드를 타고 퍼진 국수 문화를 '누들로드'라고 부른다. 누들은 거시적인 시각에서는 세계인의 공통된 음식문화를 조명할 수 있거니와, 미시적인 시각에서는 지역의 맛이 아주 잘 드러나는 음식이다.

요즘은 가족이 함께 떠나는 먹방 여행이 유행이다. 음식에는 맛을 돋우는 양념이 필요하고, 식사에는 재밌는 대화가 감칠맛을 더하는 법. 단순한 먹방 여행에 교양과 흥미를 더하고자 한다면 부산의 누들로드를 강력 추천한다. 부산 누들로드는 긴 국수 가닥처럼 부산 사람들의 끈기로 엮였으며 구수하지만

부산을 대표하는 여름 풍경,
해운대해수욕장

오륙도와 이기대길.
부산에서 가장 인기 있는
걷기길이다.

광안대교와
누리마루 APEC 하우스(오른쪽)

부산의 명물 먹거리들. 위에서부터 해산물, 장어구이, 밀면, 유부주머니, 씨앗호떡.

© Dann19L

부산은 길거리 음식의 천국이다.

부산어묵

송정 가래포 등대.
일출 장소로 유명하다.

눈물 나는 부산의 역사를 담고 있다.

백석은 국수에 얽힌 정겨움을 풀어낸 시 〈국수〉에서 무엇보다 국수를 '반가운 것'이라 불렀다. 그렇다. 국수는 마을을 구수한 즐거움으로 흥성흥성 들뜨게 하는 음식이다. 부산 사람들에게도 국수는 즐겁고 반가운 음식이었다. 개항 시기 부산항 감리서* 에서 일했던 민건호가 쓴 일기 《해은일록》에는 면을 먹었다는 기록이 숱하게 나온다. 손님을 대접할 때도, 모임을 열 때도, 잔치를 벌일 때도, 국수가 입을 즐겁게 하고 자리를 흥겹게 했다. 부산항 사람들의 그리운 정을 반가운 맛으로 풀어낸 국수. 이 어찌 마음을 들뜨게 하는 부산 음식이 아니겠는가.

일제강점기에 누들로드는 부산항을 출발해 구포로 향했다. 일본으로 곡물을 송출했던 구포에서 제분업과 제면업이 기지개를 켰다. 해방 후 구포시장 주변에 국수 공장들이 밀집하면서 구포국수의 명성은 더 커졌다. 구포국수는 장거리 · 장시간 운반이 가능한 건면(乾麵)이었다. 구포 건면의 누들로드는 만덕고개를 헐떡거리며 넘어서 동래시장으로 이어졌다. 동래 사람들은 국수를 지고 고개를 넘는 수고로움을 해소하고자 동래시장에서 직접 국수를 만들어 팔았다. 이 장면은 1952년 치과 군의관으로 수영비행장에서 근무했던 미국인 찰스 버스턴의

* 개항 이후 조선 정부가 부산, 인천, 원산 등 개항장에 설치한 행정 관청이다. 거류지와의 통상 관련 업무를 보았으나 1905년 조선의 외교권을 박탈한 을사조약이 체결되면서 폐지되었다.

무비 카메라에 고스란히 찍혀 장안의 화제가 된 적이 있다.

남북을 잇는 장대한 누들로드가 놓인 때는 한국전쟁 시절이다. 홍남철수 때 죽을 고비를 넘기고 부산에 온 피란민들이 가족과 헤어진 절망감과 고향을 잃은 상실감만 갖고 온 것은 아니다. 고향의 그리운 맛을 잊지 않고 세치 혀에 담아왔다. 바로 냉면이다. 피란민들은 국제시장에서 냉면집을 열어 한없는 그리움을 달랬다. 우암동의 한 냉면집에서는 질긴 면발에 당황한 부산 사람들을 위해 부드러운 밀면을 출시했다. 미국이 구호식량으로 준 밀가루를 전분과 섞어 만들었으니 한국전쟁의 누들로드는 남북을 넘어 세계와 만난 셈이다.

이제 아흔이 다 된 피란민들은 고향 생각이 나 가슴이 먹먹할 때 부산의 냉면집을 찾는다. 시원한 냉면 한 그릇을 먹자마자 실향민의 마음은 긴 누들로드를 타고 이내 고향 땅에 닿는다. 그들에게 냉면은 옛 기억을 되살리고 쓰라린 한을 가라앉히는 치유의 음식이다. 이러니 부산에 오면 부산 누들로드를 따라 여행을 떠나지 않을 수 없다. 부산 누들로드는 결코 설탕처럼 달달하지 않다. 부산항의 반가운 정과 만덕고개의 숨찬 노동, 그리고 실향민의 절절한 아픔이 녹아들어 참으로 오묘한 맛이 난다.

우암동에서 부산 밀면을 만드는 원조 집, 내호냉면

마음까지 따뜻해지는 부산어묵

떡볶이와 어묵은 우리나라 길거리 음식을 상징한다. 둘은 음식 궁합이 착착 맞는 상생관계이다. 맵고 강렬한 맛의 떡볶이는 쫄깃하고 구수한 어묵과 같이 먹을 때 맛의 조화를 이룬다. 빨갛고 노르스름한 두 색깔도 서로를 높이고 낮춰준다.

하지만 떡볶이가 없다고 어묵이 홀로 맛을 내지 못하는 것은 아니다. 어묵무침은 도시락 반찬의 대명사였으며 시원한 어묵탕은 최고의 술안주이다. 그래도 역시 어묵은 한겨울 길거리에서 먹는 맛이 최고다. 쫄깃한 식감의 어묵이 허기진 배고픔을 달래고 구수한 국물이 식도를 타고 내려가면 어느새 한기가 가시고 온몸에 따스함이 감돈다. 그렇다. 어묵은 추운 시절 우리네 마음까지 따뜻하게 데워준 대표 간식이었다.

어묵의 최대 산지가 바로 부산이다. 부산에는 일제강점기 때부터 일본인이 운영하는 어묵 공장이 있었다. 해방 후 일제가 물러가자 부산 사람들은 소규모 업체를 만들어 어묵을 만들기 시작했다. 어묵의 주재료는 생선살이다. 풀치나 깡치 등 여러 생선의 살을 발라 갈아서 갖은 양념을 섞은 뒤에 형태를 잡아 기름에 튀겨낸다. 그러니 부산어묵은 일제강점기의 음식사와 부산의 수산사가 함께 버무려져 탄생한 음식이었다.

산업화 시기 이후로 부산어묵이 전국 시장을 장악하자 너도 나도 '부산어묵'이라는 이름을 내걸고 장사를 했다. 지금은 부산 업체들이 고유상표로 등록해 이들만 그 이름을 쓸 수 있다. 그러니 '부산어묵'이라 하면 일단은 믿을 수 있다. 그럼에도 삼진어묵, 고래사어묵 등 부산에 기반을 둔 대규모 어묵 회사들이 자기만의 고유 브랜드를 갖고 전국 시장에서 활약하고 있다. 먹거리 야시장으로 유명한 깡통시장에는 어묵만을 전문으로 파는 어묵 거리가 있다. 크고 작은 업체들이 줄지어 함께 어묵을 판매함으로써 '부산어묵'이라는 큰 맛을 만들어내고 있다. 부산어묵의 참맛을 보고 사기 위해 깡통시장 어묵거리를 찾는 여행객도 날로 증가하고 있다.

조방낙지볶음의 유래

요새 음식점에서 파는 낙지볶음은 지나치게 맵고 자극적이다. 먹는 내내 입안이 뜨겁고 속이 쓰려 시원한 국물을 계속 들이키게 된다. 그러니 매운 맛에 압도되어 정작 낙지볶음의 쫄깃한 식감은 잘 느끼지 못한다. 반면 부산의 향토음식인 조방낙지볶음은 그렇게 맵지 않다. 약간 얼큰한 정도이다. 혀를 울리지 않으면서도 걸쭉하고 은근한 맛으로 미식가의 입맛을 사로잡는 게 조방낙지이다.

얼핏 보기에 조방과 낙지의 결합은 생뚱맞다. 낙지 산지로 유명한 전북 무안과 결합한 것도 아니요, 낙지 음식 커뮤니티로 알려진 무교동과 조합한 것도 아니다. 어떤 이들은 조방을 그저 음식점 상호이겠거니 생각한다. 만약 조방이 '조선방직회사'의 줄임말이라는 사실을 안다면 조방과 낙지의 결합이 더 궁금해질 것이다. 조방낙지는 음식과 역사가 소통해 빚어낸 결과였다. 바람 잘 날 없는 부산 근대사와 낙지가 조합해 만들어진 요리요, 피땀 흘린 노동과 낙지볶음이 어우러져 조리된 음식이다.

한데 부산 동구 범일동의 '조방 앞'에 가보면 조방은 온데간데없다. 1968년 조선방직 공장을 완전히 철거하고 시장과 아파트, 공공기관 등을 세웠기 때문이다. 조선방직은 1917년 야마모토를 위시한 일본인들이 설립한 회사였다. 우리나라 최초로 기계로 면방직을 하는 공장이었고 일제강점기 부산에서 가장 큰 회사였다. 일제는 조선방직을 통해 조선 면화를 값싸게 사들인 뒤 면직물로 대량 가공해 조선 시장에 비싸게 팔았다. 제국주의가 흔히 하는 수법이다. 조선방직회사는 점차 공룡으로 성장해 조선 면직 시장의 25퍼센트를 차지했고 세계 대공황 속에서도 큰 수익을 남겼다. 조선 노동자들의 피땀을 빨아 발전한 조선방식회사에서 여성 노동자들은 쥐꼬리만도 못한 저임금과 장시간의 혹독한 노동은 물론이고 민족차별과 성불평등에도 시달렸다. 그래서 대규모 파업 투쟁을 여섯 차례나 일으켜 일제의 간담을 서늘하게 만들기도 했다.

해방 후 미군에 접수된 조선방직은 최대의 귀속재산이었다. 그런데 민간에 불하하는 과정에서 오점을 남겼다. 1951년에 발생한 이른바 '조방낙면사건'이다. 불량 낙면(落綿, 솜 부스러기)을 사용해 군복의 질을 떨어뜨렸다는 이유로 종래의 경영진인 김지태와 정호종 등이 갑자기 구속되었다. 이후 이승만 대통령의 심복으로 알려진 강일매가 경영권을 장악하는데, 당시 야당의원인 김지태 사장에게 알짜 회사를 넘겨주지 않으려는 모략극이라는 소문이 자자했다. 여하튼 이는 최고의 악수(惡手)였다. 강일매의 조선방직은 방만한 경영과 구태의연한 기술을 고집하면서 몰락의 길에서 벗어나지 못했다.

공교롭게도 조선방직이 말기로 치달을 무렵 낙지볶음의 여명기가 시작되었다. 조방 앞에서 곱창과 된장찌개를 파는 한 식당에서 손님의 권유로 낙지볶음을 출시한 것이다. 주인은 새벽시장에서 싱싱한 낙지를 비롯한 수산물을 사오고 참기름과 고춧가루 등 양념을 듬뿍 넣어 먹음직스런 낙지볶음을 만들었다. 이는 조방을 비롯한 주변 공장 노동자들에게 좋은 술안주이자 한 끼의 식사였다. 그뿐이랴. 고된 노동으로 지친 몸에 원기를 돋우는 보양 음식이 되었다. 조방낙지가 유명해지자 주변에 여러 식당이 모여 낙지볶음 거리를 형성했다. 하지만 상전벽해다. 이제 조방은 사라졌고 그 거리도 귀금속 골목으로 바뀌어 낙지 음식점이 몇 집만 남아있다. 여전히 같은 자리에서 옛 맛을 이어가고 있는 원조할매낙지볶음 등 낙지볶음 전문식당들에게 감사한 마음이 든다. 자작자작 끓어가는 낙지볶음에서 조방의 역사를 떠올리고 쫄깃한 낙지를 씹으며 노동자들의 삶을 기억하게 해주었으니 말이다.

부산 초빼이가 사랑하는 산성막걸리

십리만 떨어져도 풍속이 다르다는 옛 말이 있다. 마을마다 역사와 문화가 다르다는 뜻이다. 술은 마을의 문화를 가름하는 척도였다. 고갯길이나 길목에 어김없이 주막이 있었고, 나그네가 주막에 가면 먼저 막걸리(濁酒)를 시켰다. 막걸리를 통해 그 지역의 맛과 문화를 알 수 있었기 때문이다. 하지만 일제강점기에 주세령(酒稅令)이 공포되어 집에서 만들던 가양주(家釀酒)들이 사라졌다. 대대로 전래되던 집안 특유의 술 문화가 함께 사라진 것은 물론이다.

부산에서는 다행히 산성막걸리가 지금까지 전해진다. 산성막걸리의 역사는 금정산성* 이 축성되던 1700년대까지 거슬러 올라간다. 당시 축성 공사에 동원된 수많은 백성의 고통과 피

* 금정산에서는 돌로 쌓은 금정산성을 곳곳에서 볼 수 있다. 금정산성은 왜구의 침입을 막기 위해 1703년에 준공한 산성이며, 우리나라에서 가장 긴 성으로 유명하다. 일제강점기에 많은 성곽이 파괴되었으나 1972년부터 꾸준히 복원했다.

로를 덜어준 술이 산성막걸리였다. 이후 산성막걸리를 빚은 누룩이 유명해졌고 일제강점기에는 한 달 평균 100여 가마의 누룩이 마차에 실려 전국으로 팔려나갔다. 산업화 시기에 산성막걸리는 울다가 웃었다. 1968년 주세법 강화와 밀주 단속으로 존폐 위기에 놓인 산성막걸리는 부산을 방문한 박정희 전 대통령의 지시로 다시 판로가 열렸다. 산성막걸리는 현재 금정산성막걸리, 산성마을막걸리 등 여러 제품으로 판매되고 있으며 부산을 대표하는 민속주 브랜드로 전국에 알려졌다.

'초빼이'는 경상도 말로 술고래, 주당을 이른다. 항구도시 부산에는 유독 초빼이가 많았다. 거친 바다와 싸우면서 일하는 사람들이 많았던 탓일까? 아니면 부산에 세워진 수많은 술 공장 때문일까? 예로부터 부산은 양조장에서 제조한 술 냄새가 가득 풍겼던 도시이다. 1887년 부산에 세워진 후쿠다 양조장(福田釀造場)은 우리나라 최초의 술 공장이었다.

우리나라 전통주는 청주, 소주, 탁주, 과실주 등 다양한 종류가 있다. 알코올도수가 높은 소주는 주로 경기 이북 지역에서 사랑받은 반면, 탁주는 황해도 이남 지역에서 백성들이 사시사철 마시는 술이었다. 일제강점기까지 부산에서도 공식적인 술 소비량은 탁주가 최고로 많았다. 부산 초빼이들은 대부분 막걸리를 마셨다. 1934년에는 하루에 부산 서민들이 마신 막걸리가 무려 1천 말에 달했다고 한다.

청주와 소주 시장이 거의 일본인에게 장악되었을 때도 부산 술의 자존심을 지킨 것은 막걸리였다. 탁주를 빚는 기법은 일본인들이 쉽게 따라가지 못했을 뿐 아니라 술맛을 내기도 어려웠다. 탁주를 만드는 데는 수백 년 간 축적된 내공이 필요했다. 그러므로 부산의 산성막걸리는 그냥 먹고 취하는 술이 아니다. 부산 초빼이들의 영원한 막걸리 사랑과 탁주의 자존심을 지켜나간 산성 사람들의 이야기가 녹아있는 인문학이다.

고당봉을 향해
뻗어있는 금정산성

부산의 생선,
멸치와 고등어

"메르치 사이소~." 자갈치 건어물시장에 가면 자주 듣던 소리이다. 예전에는 아지매들이 멸치 바구니를 이고 마을을 직접 돌아다니면서 팔았다. 멸치 없는 국물은 상상할 수 없기에 그 소리에 달려 나온 부산 아낙네들에 의해 금방 동이 났다.

멸치는 이렇듯 우리 음식생활사에서 중요한 위상을 갖고 있건만 온당한 대접을 받지 못했다. 일단 '멸치 같다'는 표현은 썩 좋은 말이 아니다. 없어 보이는 깡마른 체격이거나 힘 못 쓰는 약골 체력을 뜻하기 때문이다. '멸치새끼같이 쏙 빠진다'는 말은 상대방을 화나게 하는 표현이다. 중요하지만 위험스런 일에 책임을 지지 않고 잘 빠져나가는 사람을 빗대는 말이다. 조선시대에 멸치는 더욱 하찮은 대접을 받았다. 멸치는 한문으로 '업신여길 멸(蔑)' 자를 써서 멸어(鱴魚)라고 쓴다. 혹은 금방 죽어 사라진다는 뜻으로 멸어(滅魚)라고도 했다. 멸치는 성질이 급해서인지 잡히면 곧 죽고 빨리 부패한다. 잡은 멸치를 바로 삶고 말려서 가공 처리하는 것도 그 때문이다. 조선시대에는 부패한 멸치를 상당수 거름으로 사용했다.

하지만 부산 사람들은 멸치 앞에 '하찮은'이란 수식어를 붙일 수 없다. 멸치는 부산의 주요 어종일 뿐더러 짭짤한 수익을 가져다주는 귀한 물고기이기 때문이다. 기장군에서는 해마다 멸치축제를 연다. 기장 앞바다는 우리나라를 대표하는 멸치 어장이다. 전국 멸치 생산량의 60퍼센트 이상을 여기서 담당하기에 '멸치' 하면 '기장군'을 떠올리게 된다. 2017년 제18회를 맞은 기장멸치축제에는 하루에만 수십만의 인파가 몰려들었다.

멸치는 봄에 남해에서 출발해 북한까지 올라갔다 다시 내려오는 회유성 어종이다. 부산 일대 바다에서는 4~6월에 많이 잡힌다. 과거에는 기장뿐만 아니라 부산 곳곳에서 멸치잡이가 성업이었다. 원래 해운대 동백섬 앞에도 멸치 어장이 있었다. 한때는 여기서 잡힌 멸치가 부산 멸치의 70퍼센트를 차지했다고 하니 전통적으로 귀한 멸치 어장이었던 셈이다.

구한말을 지나 일본인들이 조선의 멸치 어장에 진출하면서 멸치의 씨가 말랐다. 일본인들은 근대식 어법인 권현망 어구를 사용해 경남 해안가의 멸치들을 난획해 갔다. 그들이 서로 경쟁하며 밤낮없이 멸치를 잡아대는 통에 분노한 조선 의병들이 일본인 어민을 살해하기도 했다. 하지만 멸치들이 떠나지 않고 식민지의 어두운 바다를 지켜온 결과, 지금도 우리는 풍성한 바다 식단을 유지하고 있다.

이제 멸치를 '하찮은 생선'이라 부르는 일은 언감생심이 되었다. 버리는 것 하나 없이 머리와 내장을 통째로 먹는 생선은 멸치밖에 없다. 멸치는 우려먹고 말려먹고 볶아먹고 삭혀먹는 긴요한 식재료이다. 자기 몸의 모든 것을 바쳐 우리 입맛을 돋군다. 매년 5월이면 기장멸치축제에서 하늘로 비상하는 멸치들을 볼 수 있다. 어민들이 그물을 출렁일 때마다 멸치들이 은빛을 뿌리며 튀어 오른다. 그들은 더 이상 하찮거나 사라지는 멸어가 아니라 비상하는 생선이다.

부산의 새벽을 깨우는 곳은 서구 충무동의 공동어시장이다. 밤새 동해와 남해에서 갓 잡아온 생선들이 박스에 담겨 부지런히 공동어시장으로 들어간다. 경매인들의 독특한 목소리와 손짓이 시작되면 어시장에 팽팽한 긴장감이 돈다. 이곳에서 출발한 새벽 활갯짓이 부산 전체로 퍼져나가면서 동이 튼다.

부산공동어시장에 들어오는 주요 생선은 뭐니 뭐니 해도 고등어다. 이른 아침 시장에 가보면 등 푸른 고등어가 엄청나게 많이 깔려있는 모습을 볼 수 있다. 고등어는 부산을 상징하는 시어(市魚)이자 서구를 대표하는 구어(區魚)로 지정되어 있다. 한 해 13만 톤의 고등어가 부산으로 들어오거니와 전국 고등어의 80퍼센트 이상이 부산을 통해 유통된다고 한다. 하지만 고등어가 어찌 부산만을 상징하는 물고기이겠는가. 고등어는

'국민 생선'이라 할 만큼 우리나라 식탁에 제일 많이 오르는 고기이다. 여느 가까운 시장에서도 고등어를 값싸게 구할 수 있으며, 지글지글 구워 먹고 자작자작 끓여 먹는 등 요리 레시피도 다양하다.

부산은 유달리 고등어가 많이 나다 보니 고등어 요리를 전문으로 하는 음식점도 숱하다. 부산 광복동과 남포동에서는 고갈비집 골목을 볼 수 있다. 고등어를 반으로 갈라 구운 고기를 일명 '고갈비'라 한다. 특별히 양념을 한 것도 아니고 소금에 절인 고등어를 그냥 석쇠에 구웠을 뿐인데도 껍데기를 들춰낸 하얀 맛이 일품이다. 고등어추어탕도 부산의 진미요리 중 하나이다. 해안가에서는 미꾸라지가 잡히지 않다 보니 고등어 뼈를 도려낸 후 살코기를 이겨 마치 추어탕처럼 만든 음식이다. 이따금 부산의 보리밥집에 들어가면 고등어찜이 반찬으로 나온다. 거칠지만 구수한 보리밥에 고등어와 묵은지를 쌈에 싸서 먹으면 소고기 쌈도 저리 가라이다.

부산의 요리 칼럼니스트로 유명한 최원준 시인은 〈고등어 예찬〉이라는 시에서 다음과 같이 썼다. '그의 부드럽고 탄탄한 살점을 먹습니다. 타닥타닥 익어가는 몸이 곧 위안입니다. 접시 위의 안식이 평화입니다. 우리는 그의 푸른 열망에 취하고 희망과 사랑에 빠집니다.'

피란 시절에 유일하게 배고픔을 달래준 생선이 고등어라는 이야기를 들은 적이 있다. 그렇다. 고등어는 결코 값싼 물고기가 아니라 자신의 부드러운 살점을 내어 사람들의 배를 채워준 '위안과 평화'의 음식이었다. 최 시인의 말처럼 '그 익숙한 살점 한 점에 송도 앞바다가 찰랑이고 눈부신 햇살이 글썽이는' 그 느낌을 부산 고갈비집에서 누릴 수 있기를.

광복동 고갈비 골목

부산에도 왕서방이 있다

부산은 타국 문화의 용광로였다. 이 용광로에서 외국 문화를 뜨겁게 녹여 새로운 문화로 뽑아냈다. 최근에는 부산 문화 속에 용해된 중국 문화를 찾고자 하는 움직임이 일고 있다. 부산역 앞 상해 거리 일대가 차이나타운 특구로 지정되었는데, 이곳에 오면 부산과 중국의 '짬뽕 문화'를 맛볼 수 있다. 중국 문화를 부산에 처음 들여온 이는 화교들이었다. '바닷물이 닿는 곳에 화교가 있다' '연기 나는 곳에 화교가 있다'는 표현이 있다. 세계 어느 곳에나 화교가 살고 있다는 얘기다. 그러나 정든 고국을 떠나온 화교들이 타국에서 맞이한 정서는 행복과 기쁨만은 아니었다. 부산 화교들 역시 조선에 정착하기 위해 고통과 아픔의 역사를 감내해야 했다.

1884년, 지금의 초량동 일대에 청나라 영사관과 청나라 사람들이 거주하는 조계지가 설치되었다. 청국조계지가 설치된 후 10년간 청나라 상인들은 호황을 맞았다. 1884년 12월 갑신

정변이 일어나자 청군이 개화파를 진압했고 청나라에 줄을 댄 관료들이 요직을 장악했다. 바야흐로 조선에서 '친청파의 시대'가 열린 것이다. 부산의 청국조계지는 청나라 상인들의 근거지였다. 이곳을 용두산 일대에 있던 왜관에 빗대 '청관(淸館)' 혹은 '청관 거리'라 불렀다. 청관은 지금의 부산역 앞에 있었는데 당시에는 그저 소나무가 우거지고 백사장이 펼쳐진 해안가였다. 영사관 주변으로 청나라 사람들이 문을 연 상점들이 하나둘 생겨나기 시작했다.

화교 사회에는 삼파도(三把刀)라는 말이 있다. 삼파도는 식칼, 가위, 면도칼 등 세 자루의 칼을 의미한다. 외국에 정착한 화교들은 이 세 자루의 칼을 쓰는 업종, 즉 음식점, 포목점, 이발소 등에서 주로 일했다. 그 가운데 중국음식점만큼 우리에게 지대한 영향을 미친 업종은 없다. 차이나타운에서 싹을 틔운 중국음식점은 우리나라 제일의 대중외식점으로 발전했다. 일본인들도 이 중국 음식을 꽤 좋아해 창선동, 동광동 등 일본인 거리로까지 뻗어갔다. 일제강점기 부산에서 유명했던 중화요리점으로는 인화루(仁和樓), 영기호(永記號), 동승루(東昇樓), 중화원(中華園), 의성관(義盛館) 등이 있고, 청관 거리에서 명성이 자자한 고급 요릿집은 봉래각(蓬萊閣)이었다. 당시 중국음식점 중에는 만두집과 호떡집이 많았다. 오늘날 상해 거리에도 홍성방, 사해방, 신발원 등 만두를 잘하는 중화요리점이 많다. 과거로부터 이어진 전통이라 볼 수 있다.

명품이 된
광안리 야경

부산 광안리의 야경은 전국에서 일품이다. 어두운 밤이 찾아오면 광안리에는 사람들이 더 몰리고 화려해진다. 밤의 광안리에는 환상적인 바다 야경이 펼쳐진다. 물과 불이 조화를 이루고 자연미와 인공미가 어우러지는 풍경이다. 이런 야밤의 미학을 다른 지역에서는 거의 찾아볼 수 없다. 광안리 해변에서 운동을 하기 위해 일부러 밤에 찾아오는 올빼미 족도 많다. 바닷바람을 맞으며 화려한 광안리 밤거리를 달리면 기분까지 상쾌해진다.

그 옛날 광안리에는 둥그런 백사장이 펼쳐져 있고 드문드문 고기잡이를 하는 촌락이 있었다. 광안리에서는 후릿그물 어법이 성행했다. 해변으로 나가 띠 모양 망그물로 바다를 에워싼 뒤 뭍에서 그물을 끌어당기는 어법이다. 이 방식으로 주로 멸치를 잡았다. 수영의 대표적인 민속놀이인 좌수영어방놀이* 에서도 이 멸치 후리질이 연출된다. 그러던 광안리에 일제강점기가 되자 해수욕객들이 오기 시작했다. 이후 1950년대에 정식으로 해수욕장이 개장해 피서객들이 찾는 장소가 되었다.

1980년대부터 광안리는 부산의 본격적인 명소로 부상했다. 남천동 일대를 개발해 고급 아파트가 들어서고 해변도로를 따라 음식점과 유흥업소들이 개업했다. 광안리 해변로 서쪽에 위치한 민락동에 대규모 회센터가 입주하면서 주변도 온통 횟집 거리로 변했다. 그리하여 '부산의 회 맛을 보려면 민락동에 가야 한다.'는 말이 생겨났다. 광안리 야경을 음미하는 특징도 이런 야식의 맛에 있다. 음식점과 커피숍, 횟집에서 음료나 음식을 먹으면서 밤바다를 함께 즐길 수 있으니 일거양득이었다.

광안리 야경이 전국적으로 유명해진 계기가 있으니 하나는 부산불꽃축제이고 또 하나는 광안대교이다. 부산불꽃축제는 2005년에 시작되었다. APEC 정상회담 개최를 축하하기 위한 해상 쇼로 실시했다가 반응이 너무 좋아 계속 이어지고 있다. 지금은 매년 100만 명이 찾는 부산의 대표 축제로 정착했다. 불꽃축제야 흔하지만 밤바다에 풍덩 빠진 불꽃놀이는 여간해서 보기 어려운 장면이다. 광안대교 위로 쏟아지는 하늘 불꽃이 바다 거울에 그림자처럼 비친다. 하늘과 바다에 펼쳐지는

좌수영어방(左水營漁坊)놀이(중요무형문화재 제62호)는 수영구에서 전래되는 민속놀이이다. 후릿그물질로 고기를 잡는 과정을 춤과 노래로 재현한다. 어방(漁坊)은 수군(水軍)과 어민이 상부상조하기 위해 만든 협력체로, 수군은 노동력 등을 제공하고 백성은 잡힌 고기를 내주었다.

이중의 밤 불꽃이 관람객을 황홀한 경지로 이끌고 간다.

광안대교는 2003년에 개통되었다. 1990년대 해운대 신도시 건설로 인해 해운대구와 수영구를 잇는 광남로의 교통 수요가 폭증했고, 이를 해소하고자 광안리 바다 위를 지나는 대교를 만들게 되었다. 광안대교는 2층 구조의 해상교량이다. 자동차를 타고 대교 위를 지나다 보면 마치 바다 위가 아닌 동해 바다 속을 그대로 관통하는 것처럼 느껴진다. 만성적인 교통 체증을 해소하기 위해 건립되었건만, 광안대교는 곧 부산의 관광 명소로 떠올랐다. 광안리에 땅거미가 내리면 광안대교는 되레 밝아진다. 예전에는 단순 조명이었지만 이제는 미디어 파사드까지 설치해 더욱 화려해졌다. 온몸을 이용해 영상을 반사하는 광안대교 때문에 광안리 야경이 더욱 돋보인다.

부산의 양대 해수욕장,
송도와 해운대

부산은 여름이 반갑다. 부산의 해수욕장들은 뜨거운 여름을 기다리고 있다. 피서객들에게 해수욕장은 일시에 더위를 식혀주는, 어머니의 등목과도 같은 장소이다. 실은 해수욕도 목욕에서 출발했다. 과거 우리나라 사람들에게 바다는 숭배와 경외의 대상이었다. 간혹 치료의 일환으로 해수욕을 하긴 했지만 물놀이를 한다는 생각은 하지 못했다. 근대식 수영법이 유행하고 관광지로서 해수욕장이 개발되면서 여름철 해수욕장에 피서객들이 몰려들기 시작했다.

부산에는 동북부 해안에서부터 차례로 임랑, 일광, 송정, 해운대, 광안리, 송도, 다대포 등 7개 해수욕장이 시원한 바다를 낀 채 피서객들을 기다리고 있다. 부산 해수욕장들은 도심에 위치한 데다 숙박과 교통이 편리해 특히 젊은이들에게 각광받는다. 저마다 특성이 있겠지만 개중 송도와 해운대를 부산의 대표적인 해수욕장으로 꼽을 수 있다.

송도해수욕장

서구 암남동에 있는 송도해수욕장은 1913년에 개장한 우리나라 최초의 공설 해수욕장이다. 암남반도가 앞으로 튀어나오면서 오른쪽에 둥그렇게 조성된 만(灣)은 해수욕장이 입주하기에 알맞은 지형이고 바닷가에 깔린 백사장, 낮은 수심과 잔잔한 파도 역시 천혜의 자연조건이다. 부산 시내와도 가까워 일본인들은 송도를 본격적으로 해수욕장으로 개발했다. 일제강점기 내내 최고의 해수욕장으로 명성을 날렸고, 한국전쟁 때도 도심 인근의 대표적인 유원지로 이름값을 했다. 피란수도의 지도자들이 송도의 미진 호텔을 비롯한 숙박시설을 별장으로 활용했고 권력층이 이용하는 유흥가도 넘쳐나 사회적 지탄을 받았다.

1960년대에는 송도해수욕장에 또 하나의 명물이 탄생했다. 거북섬에서 시작해 해수욕장 위를 통과하는 케이블카가 설치되고 송림공원에서 거북섬까지 구름다리가 놓였다. 케이블카와 구름다리 덕분에 송도해수욕장은 부산의 관광 명소로 더욱 알려져 전국적으로 신혼부부와 학생들의 여행지로 주목받았다. 하지만 곧 해운대에게 부산 대표 해수욕장의 명성을 넘겨주게 된다. 엎친 데 덮친 격으로 도시에서 하수와 오물들이 밀려와 해수욕장으로 부적격 판정을 받았다. 하수구 정비와 수질 개선을 위한 노력 끝에 2005년에 재개장했으며, 2013년에 개장 100주년을 맞이하면서 송도해수욕장은 다시 비상하고 있다.

해운대해수욕장

조선시대에 해운대는 시인묵객이 찾는 여행지였음에도 그저 한적한 어촌일 뿐이었다. 기암절벽에 푸른 파도가 넘실거리고 하얀 백사장 위에 고깃배 몇 척이 정박한, 조용하고 여유 있는 공간이었다. 그러나 구한말 이곳에 들어온 일본인들은 해운대를 근대 온천 관광지로 발굴하고자 했다. 온천을 개발하고 여관을 설립하는 등 해운대가 관광지로서 알려지자 해수욕장도 주목받기 시작했다. 그래도 일제강점기에는 송도해수욕장의 명성을 따라가지 못했다.

한국전쟁 발발 후에는 미군이 이 일대를 장악해 민간인의 백사장 출입을 통제했기에 해수욕장으로서 가치를 잃어가는 듯했다. 일부 미군들의 해수욕장과 박정희 전 대통령의 여름 휴양지로 숨죽이고 있던 해운대해수욕장은 1960년대부터 다시 기지개를 켜기 시작했다. 1964년 5월, 수령 250년의 거북이가 알을 낳기 위해 해운대해수욕장에 올라왔다가 잡히는 일이 있었다. 해운대 사람들은 거북할매를 잘 모셔야 해수욕장이 발전한다는 말을 믿고 무려 3만여 명이 참석하는, 단군 이래 최고의 환송식을 열어 거북이를 바다로 잘 돌려보내 주었다. 속설이겠지만 그 이후로 해운대해수욕장은 크게 발전해 송도를 따라잡았다. 엄청난 피서객들로 인해 '물보다 사람이 많은 해운대', 서울 사람들이 많이 온다 해서 '서울의 해운대'라는 별칭이 붙었다.

송도와 달리 해운대 앞바다에는 파도를 가로막는 자연 섬들이 없다. 그래서 막상 해운대해수욕장에 수영을 하러 들어갔다가 세차게 부닥치는 파도에 속수무책인 경험을 누구나 하게 된다. 그러나 해수욕장의 역사가 말해주듯 꼭 수영을 하기 위해 해수욕장에 가는 것은 아니다. '젊음과 낭만의 바다' '시각의 피서지'라는 수식어가 따르는 해운대해수욕장은 이성에 눈뜬 젊은이들에게 유희와 낭만의 공간이다. 게다가 오늘날 해운대 지역은 신도시 개발로 인해 세련된 도시적 인공미와 최상의 편의시설까지 갖춤으로써 바캉스 철 전국에서도 독보적인 휴양지로서 우뚝 섰다.

해운대의 다른 명소들

오늘날 해운대는 해수욕장 외에도 달맞이고개와 문탠로드, 청사포와 미포, 동해남부선* 폐선 부지 등 관광자원이 넘쳐난다. 우리나라를 넘어 아시아 최고 관광지라 손꼽히는 이유이기도 하다.

달맞이고개는 미포에서 청사포로 넘어가는 고개이다. 와우산(臥牛山)에 위치한 이 고개에서는 대한해협의 끝없는 바다

* 동해남부선은 부산진역에서 출발해 포항역에 이르는 철도노선이다. 일제가 광석, 목재, 해산물 등 동해안의 각종 자원을 반출, 유통시키기 위해 부설했다. 포항에서 경주까지는 1918년에, 경주에서 부산까지는 1935년에 개통되었다.

를 볼 수 있다. 특히 바다 위에 뜬 달밤 풍경이 아름다워 '달맞이고개'라 부른다. 문탠로드(Moontan Road)는 달맞이고개에 조성된 산책로를 말한다. 고즈넉한 달빛을 받아 밤바다를 즐기며 산책할 수 있는 곳이다.

최근에는 동해남부선 폐선 철길을 따라 걷기가 유행이다. 동해남부선은 1935년에 최종 개통되었는데 근래에 새로운 철로를 부설하면서 미포에서 청사포, 송정까지 이어지는 기존 구간이 폐선되었다. 이 패선 구간은 바다와 매우 인접한 데다 일대의 개발이 더뎠으므로 아름다운 해안과 예스러운 철길 풍경을 함께 누리면서 걸어볼 만하다.

미포(尾浦)는 해운대해수욕장 동쪽 끝에 있는 작은 항구이다. 와우산의 꼬리 부분에 해당된다고 해서 '미포'라 불렀다. 미포와 송정의 중간에 위치한 청사포(靑砂浦)는 얼마 전까지만 해도 조용하고 작은 포구였다. 청사포에는 고기잡이를 나갔다가 돌아오지 않은 남편을 기다리던 부인의 애절한 이야기가 전해진다. 부인이 남편을 기다렸던 자리에 자란 소나무를 '망부송(望夫松)'이라 한다. 지금 청사포에는 조개구이와 장어구이, 회를 파는 음식점들이 몰려있다. 달맞이고개가 유명세를 타면서 와우산 일대도 상업과 숙박 시설들로 가득 차고 있다. 이런 난개발로 인해 예전의 수려한 바다경관을 잃게 될까 참 우려스럽다.

'영화도시' 부산을 각인시킨 부산국제영화제

부산은 영화의 도시이다. 영화도시 부산에서는 영화의전당이 연상된다. 부산국제영화제(BIFF)가 개최되는 영화의전당은 2011년에 완공되었다. 이 건물은 두레라움광장을 뒤엎은 빅루프가 인상적이다. 빅루프는 인공 하늘로 꾸며진 천장인데, 출렁거리는 파도와 같은 모습도 특이하지만 한쪽은 기둥으로 떠받치고 다른 쪽은 떠있는 구조가 이색적이다. 부산국제영화제를 맞아 영화의전당에 레드카펫이 깔리면 국내외 스타들이 줄지어 오른다. 영화의전당이 자리한 해운대 센텀시티 주변은 영화와 스타를 보러 온 관객들로 그야말로 문전성시를 이룬다.

부산국제영화제가 갑자기 생겨난 것은 아니다. 이 영화제가 기반을 잡기까지 부산은 오랫동안 영화 산업에 힘을 기울여 왔다. 부산 영화의 역사도 깊다. 1903년 지금의 광복동에 극장 행좌(行座)가 문을 연 후로 일제강점기에 보래관, 태평관, 부산극장 등이 들어섰다. 일찍부터 광복동에 극장 거리가 조성된 것이다. 1924년에는 우리나라 최초의 영화제작사인 조선키네마주식회사[*]가 복병산 위에 보금자리를 틀었다. 〈해의 비곡〉을 비롯한 〈운영전〉 〈암광〉 등의 영화를 촬영함으로써 영화사에 큰 족적을 남겼다. 국내에서 영화상을 처음 제정한 것도 부산이었다. 1958년 부산일보사가 제1회 부일(釜日)영화상[**]을 만들어 시상식을 개최했으니 우리가 잘 아는 대종상영화제, 청룡영화제보다 빨랐다.

1996년, 한국 최초로 부산국제영화제를 수영만 야외극장에서 개최한다고 했을 때 사람들은 기대 반 우려 반의 시선을 보냈다. 국제영화제를 서울이 아닌 지방에서 개최하는 것이 가능할까? 하지만 막상 개막식이 열리자 우려의 목소리는 사라지고 결과는 대성공이었다. 작가정신과 대중성을 겸비한 양질의 작품들이 169편이나 상영되었고 관객의 반응은 폭발적이었다. 남포동 비프(BIFF)광장에서 영화감독과 관객들이 만나 자리를 깔고 맥주 한 잔을 마시며 이야기꽃을 피우는 소박한 모습도 외신에게는 무척 흥미로운 풍경이었다. 부산국제영화제는 개

[*] 조선키네마주식회사는 부산에 설립된 우리나라 최초의 영화제작사이다. 일제강점기 영화제작의 열기 속에서 주식회사 형태로 설립되었다. 일본인과 조선 영화인들이 불안하게 결합해 시작부터 취약점이 많았다. 하지만 이 회사를 통해 여러 영화인이 배출되었고 우리나라 영화 산업의 기반을 다질 수 있었다.

[**] 1958년 부산일보사가 지방에서 최초로 제정한 영화상이다. 1973년 영화 산업의 침체로 중단되었으나 2008년에 재개되었다.

최 10년 만에 세계 5대 영화제로 우뚝 섰으며, 부산은 아시아 영화의 중심지가 되었다.

부산시와 부산 사람들이 영화 산업에 총력을 기울인 덕분에 부산은 영화 로케이션(촬영 장소)으로도 유명해졌다. 〈베테랑〉 〈국제시장〉 〈해운대〉 〈도둑들〉 〈위험한 상견례〉 〈사생결단〉 〈인정사정 볼 것 없다〉 〈친구〉 등 많은 흥행 영화가 부산에서 촬영되었다. 2009년에는 우리나라 장편영화의 40퍼센트를 부산에서 촬영했을 정도로 부산은 영화 촬영의 도시가 되었다.

어느 영화감독은 부산을 '거대한 영화 세트장'이라고 표현했다. 그는 부산의 가장 큰 매력으로 새로운 것들과 오래된 것들이 한 도시 안에 공존한다는 점을 들었다. 쉽게 말해, 화려한 해운대와 영화의전당도 있지만 수수하고 낯익은 산동네 마을도 함께 있다는 뜻이다. 지금처럼 과거와 현재가 조화롭게 공존할 때만이 영화도시로서 부산이 지속가능하다는 의미로도 읽힌다.

야도(野都)
부산의 탄생

부산은 야도(野都)이다. 한때 이 야도는 '야당(野黨) 도시'이자 '야구(野球) 도시'를 가리키는 말이었다. 하지만 1993년 부산 경남을 정치적 기반으로 삼은 김영삼 정부가 수립된 후로 더는 야당 도시가 아니게 되었다. 이후로 '야도'는 야구 도시를 줄인 말이 되었다.

부산을 연고로 한 롯데자이언츠를 향한 야구 팬들의 열성은 어느 지역도 따라올 수 없을 정도로 대단했다. 특히 '부산갈매기' 야구 팬들의 응원 문화는 화끈하고 독특해서 전국으로 퍼져나갔고, 신문지와 비닐봉투를 이용해 응원하는 이색 문화가 일본에까지 알려졌다. 하지만 부산 야구 팬들의 과도한 경쟁심 때문에 상대 선수단에 행패를 부리거나 야구장에서 난동을 부리는 꼴리건(축구 광팬을 칭하는 훌리건에서 생겨난 말) 현상이 벌어지는 부작용도 있었다.

부산 야구는 오랜 역사를 지니고 있다. 부산에 야구경기를 처음 도입한 것은 일본인들이었다. 1905년 일본인 거류민단회가 주축이 되어 개교한 부산공립상업전수학교는 교내에 야구부를 두었다. 일본인들에게 영향을 받은 조선 청년들도 야구동호회를 조직해 활동하기 시작했다. 하지만 조선인들은 야구경기에서 큰 설움을 받았다. 일본인 심판들의 불공정한 판정은 물론이고 일본에서 개최되는 야구대회에는 유니폼에 조선인 이름을 달고 출전할 수도 없었다. 1920년대에 중등학교야구대회가 개최됨에 따라 부산에서도 학생야구가 크게 성장한다. 하지만 1930년대부터는 학생야구를 비롯해 모든 야구 행사가 통제되었다. 침략 전쟁과 군비 증가의 여파로 경제 불황이 이어지는 가운데 애꿎은 야구경기가 타격을 맞았다.

해방 이후 야구중흥 시대가 다시 열린다. 미군정 시기에 야구를 좋아하는 미군들이 야구경기를 권장했다. 1947년부터 조선야구협회 주관으로 제1회 전국중등학교야구대회가 서울운동장에서 열렸다. 첫 대회에서 우승한 경남중학교는 제2회 대회에서도 경기중학교와 결승전을 치러 4대 1로 승리를 거두었다. 1949년 제3회 대회에서는 경남중학교와 동래중학교가 나란히 결승전에 올랐다. 치열한 결전 끝에 경남중학교가 7대 3으로 승리를 거머쥐면서 부산에 야구 열풍을 불러일으켰다.

산업화 시기에도 부산의 명문 고등학교들에 야구부가 생기면서 야구 열풍이 더욱 불붙었다. 부산고등학교, 부산상업고등학교, 경남고등학교, 경남상업고등학교 등이 야구부를 만들었으며, 고교야구대항전이 벌어질 때면 학생과 졸업생뿐 아니라 시민들까지도 엄청난 응원과 관심을 보냈다. 이런 고교야구부의 경쟁 구도가 부산을 야구 도시로 성장시키는 데 밑거름이 되었다. 부산지역 고교에서 배출된 야구선수들은 졸업 후 실업구단으로 진출해 한국야구의 대표주자로 뛰었다.

1982년 국내에서 프로야구가 시작되자 부산은 그동안 쌓아온 내공으로 단번에 야구 중심지로 떠올랐다. 롯데자이언츠팀에 대한 부산 사람들의 사랑과 열정은 감히 어느 도시도 따라올 수 없을 정도였다. 향토색이 강한 부산 경남의 지역 문화에 애향 정신까지 더해져 야구단에 대한 무한 애정이 쏟아졌다. 롯데자이언츠는 1984년 한국시리즈에서 첫 우승을 차지하고 1992년에도 우승했다. 당시 팀에 승리를 안겨주었던 무쇠팔 최동원 투수와 이를 이끈 강병철 감독을 비롯해 실력파 선수와 감독들이 꾸준히 배출되면서 '야구 도시' 부산의 명맥을 이어갔다. 하지만 최근에는 롯데자이언츠의 성적 부진 등으로 인해 부산에서 야구의 인기와 경기에 대한 관심이 예전보다 시들한 편이다.

동해안별신굿은 축제다

부산 기장군의 동해안별신굿(중요무형문화재 제82-1호)은 정월 대보름 전후로 일주일간 벌어지는 큰 굿이다. 매년 정기적으로 지내는 동제(洞祭)와 달리 동해안별신굿은 5~6년의 간격을 두고 열리는 특별한 의례이다. 현재 이천마을을 비롯해 대변, 두호, 학리, 칠암, 공수마을 등에서 돌아가면서 동해안별신굿을 지내고 있다. 예전에는 기장군은 물론이고 해운대 어촌에서도 빠짐없이 동해안별신굿을 치렀다.

오영수의 대표작 《갯마을》(1953)도 기장군에서 탄생했다. 그는 기장군 일광에서 몇 년간 살았던 경험을 바탕으로 이 소설을 썼다. 소설에는 스물세 살에 청상과부가 된 해순이가 등장한다. 남편 성구는 고등어잡이를 떠났다가 폭풍우에 휩쓸려 죽고 만다. 돛배를 타고 어업을 하던 시기에 기장의 어촌에는 이런 비극이 잦았다. 지금도 해상에서 조업을 하다 보면 사고 위험이 늘 도사리고 있다. 그러니 마을을 지키고 주민을 보호해 줄 수호신을 모신 마을제당이 여러 곳에 설치되었다. 동해안별신굿은 이 수호신들에게 마을의 풍요와 주민의 안녕을 기원하는 큰 제사이다.

동해안별신굿은 경건한 의례이며, 동시에 즐거운 축제이기도 하다. 축제는 축(祝)과 제(祭)가 공고히 결합된 사회적 잔치이다. 역사적으로 종교 의례에서 출발한 축제는 놀이와 볼거리가 풍성해지고 참여 범위가 커지면서 거국적인 행사로 발돋움했다. 유럽의 사육제나 일본의 마츠리 등 유수한 축제들도 모두 종교적 의식에서 출발했다. 유네스코 인류무형유산으로 지정된 우리나라의 강릉단오제도 마찬가지이다. 앞으로 부산의 축제가 나가야 할 방향을 동해안별신굿에서 찾을 수 있을 것이다. 다양한 축제 콘텐츠를 보유한 동해안별신굿에 현대 문화를 접목시키고 젊은이들이 참여할 수 있는 장을 만들어낸다면 강릉단오제에 견줄 만한 큰 축제가 될 수도 있다.

고(故) 김석출* 선생의 집안은 오래 전부터 무(巫) 집단을 이루고 대대로 기장군의 동해안별신굿을 주관해 왔다. 분단 이전에는 강원도는 물론이고 함경북도와 만주로까지 굿을 하러 다녔다. 이들은 뛰어난 예술적 기량을 바탕으로 전 동해안을 따라 별신굿 문화권역을 길게 조성했다. 동해안별신굿에서는

* 김석출(金石出, 1922~2005) 선생은 무속인이자 동해안별신굿 기능보유자였다. 그의 할아버지(김천득) 때부터 무업을 시작했고, 집안 대대로 세습무로 활동하며 동해안별신굿을 전승시켰다.

가망굿을 비롯한 25개 이상의 굿거리가 펼쳐지고 음악과 소리, 춤, 연극 등 다양한 전통예술이 포함된다. 오랫동안 갈고닦은 기예를 가문을 통해 전승시켰기에 가능한 일이다.

전통이 깊은 축제가 미래로 나아갈 확률이 높다. 지역을 대표하는 축제는 일회성 이벤트가 아니며 한 번 실패했다고 퇴출되는 행사는 더더욱 아니다. 축제는 마치 세시풍속처럼 해마다 다시 열리는 순환적 행사이자 지역의 과거, 현재, 미래를 잇는 가교 역할을 해야 한다. 오랜 역사와 전통문화를 발판으로 한 동해안별신굿이야말로 진정한 부산 축제로서 손색이 없는 이유이다.

3

조선의 부산,
동래를 걷다

조선시대 부산의 심장부, 동래부동헌

조선시대에 부산은 동래부(東萊府)에 속한 면(面)에 불과했다. 하지만 개항 이후에는 그 위상이 역전되었다. 일제는 본격적으로 부산항 주변에 행정기관과 근대 시설을 설치했다. 강제적 한일합방 이후 부산부가 생겨났으며, 일제는 그들의 의도대로 부산부를 성장시켰다. 그리하여 동래부의 관할구역이 점차 부산부로 바뀌어가다 결국 동래도 부산에 편입되었다. 이렇게 '조선의 동래'가 '근대의 부산'으로 바뀐 데에는 식민지 역사가 도사리고 있다. 일제의 침탈이 없었다면 동래는 오랜 세월 유지해 온 그대로 부산의 중심지였을 것이다.

동래부동헌은 부산의 문화유산 일번지이다. 1972년 부산시 유형문화재 제1호로 지정된 동래부동헌을 '1호'가 아닌 굳이 '일번지'로 부르는 이유는 무엇일까? 1호는 첫 번째 문화재로 등록되었다는 행정적 순서를 의미하지만 일번지는 대표성을 갖기 때문이다. 예컨대 음식점 상호에 붙은 일번지는 최초를 위미하는 원조 또는 최고 맛집을 뜻하지 않는가. 문화유산 앞에 붙은 일번지에는 한 가지 의미가 더 있다. 인문 여행을 할 때 가장 먼저 들러봐야 할 곳이란 뜻이다.

그런데 막상 동래부동헌에 가본 여행객들은 실망을 한다. 몇 해 전만 해도 동래부동헌에는 충신당(忠信堂)을 비롯한 건물 몇 채만 덩그러니 놓여 있었다. 게다가 동헌 앞으로 상가와 시장이 밀집하고 다섯 개의 도로가 얽히고설켜 복잡하고 시끄럽기가 이를 데 없었다. 고색창연하면서도 고즈넉한 분위기를 기대했던 마음이 여지없이 무너지고 마는 것이다.

하지만 인문 여행에서는 남겨진 공간 자체보다 역사성을 살피는 일이 중요하다. 빈 땅을 문화재인 사적이나 기념물로 지정하는 것도 그런 뜻이 아니겠는가. 또 하나, 인문 여행은 문화유산을 눈으로 보는 것 이상으로 그곳에 담긴 이야기를 중시한다. 동래부동헌은 조선시대에 동래부사가 집무를 보던 곳이다. 쉽게 말하면 동래부사는 부산시장이요, 동래부동헌은 부산시청이었던 셈이다. 조선시대에 총 250여 명의 동래부사가 정치, 행정, 외교 업무를 보면서 동래의 엄청난 역사를 고스란히 이곳에 남겼다. 조선시대 동래의 스토리는 대개 이곳에서 나왔으니 동래부동헌을 부산 최고의 이야기 공작소라 해도 과언이 아니다. 그러니 동래부동헌을 빼놓고 어찌 부산의 역사를 말할 수 있겠는가?

동래부동헌은 부산의 자화상처럼 동래가 겪었던 우여곡절의 역사를 묵묵히 보여준다. 얼마 전까지 동헌은 건물 좌우에 있던 익랑(翼廊)이 철거되고 주변 건축물도 사라져 몸체인 충신당만 홀로 남은 형태였다. 개항 이후로 작은 항구에 불과했던 부산이 고속성장을 한 것과 달리, 동래가 겪은 수난과 축소의 역사를 웅변하는 듯하다. 일제는 시가지를 개발한다는 명목으로 동래부동헌의 숱한 건물들을 철거하고 동헌 경내로 도로를 뚫었다. 충신당도 동래군 청사로 사용하면서 여러 번 개조해 원래 모습을 잃었다. 조선의 심장부와 같았던 동헌이 파괴되자 동래는 무너졌고 결국 덩치가 커진 부산으로 편입되고 말았다.

이제 동래부동헌은 아픈 역사를 딛고 새로운 르네상스를 꿈꾼다. 예전 모습과는 많이 달라졌다. 망미루와 독진대아문이 돌아왔고 독경당과 찬주헌이 복원되었다. 동헌 앞의 문루였던 망미루는 일제강점기에 금강공원 입구로, 관아의 대문이었던 독진대아문은 금강공원 숲속으로 쫓겨난 바 있다. 두 문화유산의 제자리 찾기는 궁극적으로 동래 역사의 제자리 찾기를 상징한다.

임진왜란의
흔적을 찾아서

부산은 임진왜란의 첫 격전지였다. 왜적들은 조선을 침입하는 관문으로 부산을 택했고, 경상도 길을 한양으로 향하는 주요 경로로 삼았다. 부산진성에서 처음 전투가 발생한 후로 잇달아 동래읍성과 다대포성에서 격렬한 전투가 벌어졌다. 임진왜란은 전국에 피해를 주었지만 부산 경남의 피해가 가장 컸다. 조명연합군(朝明聯合軍)에 의해 수세에 몰린 왜적들은 부산 경남 지역에 왜성을 쌓아 잔류하면서 물자와 인력을 수탈했다.

임진왜란의 아픔은 그저 씻어버릴 게 아니라 그 증거를 명명백백히 남겨 후손에게 물려주어야 한다. 특히 부산의 임진왜란 유적들을 적극 보존해 일본의 잔혹했던 침략성을 알리고 그 아픔을 함께 나누며 극복하도록 해야 한다. 역사는 언제나 반복될 수 있기 때문이다.

동래읍성임진왜란역사관

2011년 부산도시철도 4호선의 개통과 함께 수안역사 안에 동래읍성임진왜란역사관이 문을 열었다. 그로부터 6년 전, 수안역 건설 사업 도중 임진왜란 유적이 발견되어 공사를 중단한 일이 있다. 그 위치는 과거 동래읍성 남문 부근으로 임진왜란 때 가장 치열한 전투가 벌어졌던 곳이다. 곧바로 발굴 조사를 실시해 동래성전투 당시의 처참했던 유적과 유물이 무더기로 출토되었다. 전투에서 피살된 인골들도 발견되었다. 처음에는 성벽으로 추정했던 유적지가 조사를 거쳐 해자(垓字)로 판가름 났다. 해자는 성을 방어하기 위해 둘레에 설치한 물길이다. 왜적이 동래읍성을 빼앗은 뒤 조선군의 무기와 조선인 시체들을 매몰한 사실이 만천하에 드러난 것이다.

임진왜란역사관은 발굴 때 출토된 해자의 석축을 그대로 옮겨와 복원, 전시해 놓았다. 옛 분위기를 그대로 전달하기 위해 해자 바닥에 인골과 유물도 복제해 재현했다. 격렬했던 동래성전투의 현장을 실감나게 보여주는 장소로서, 임진왜란 역사의 아픔을 체험하기 위해서는 꼭 방문해야 할 전시관이다.

송공단

동래구 복천동에 위치한 동래시장 북쪽에는 좁은 길을 따라 예스러운 담장이 이어져 있다. 담장 안에서 풍기는 분위기는 북적거리는 시장과는 사뭇 다르다. 깊은 정적과 엄숙함이 깔려있다. 이 담장을 따라 외삼문 중앙 현판에 적힌 '송공단(宋公壇)'이라는 세 글자가 눈에 띈다. 송공단은 임진왜란 때 동래성전투에서 싸우다 숨진 송상현 동래부사와 관민(官民)을 추모하고 제사 지내기 위해 조성한 제단이다. 경내로 들어가 내삼문을 통과하면 좌우로 비석들이 늘어서 있다. 그중 가장 높고 큰 비석이 '충렬공송상현순절비(忠烈公宋象賢殉節碑)'이다. 이 순절비를 앞에서 보면 숙연하고 경건한 마음이 든다.

송공단의 모태가 된 것은 동래부사 이안눌(李安訥)이 동래읍성 남문 밖의 작은 언덕에 설치했던 전망제단(戰亡祭壇)이다. 동래성을 지키다 죽어간 송 부사를 비롯한 관민들을 추모할 장소가 필요하다고 여긴 이 부사는 현재 동래경찰서 자리에 있던 구릉, 농주산(弄珠山)에 제단을 세웠다. 이후 큰 공사를 통해 송공단이 제 모습을 갖춘 때는 1766년이다. 송공단에 모실 선열들이 점점 늘어나자 강필리(姜必履) 동래부사가 단을 새로 짓고 확충했다. 선열의 신분에 따라 단 높이도 달리했다. 가장 상단에는 송상현 부사와 정발 장군의 순절비를 세우고 동단(東壇)은 2개 단, 서단(西壇)은 3개 단으로 구분해 비를 세웠다. 동래읍성에서 순절하지 않은 정발 부산첨사와 윤흥신(尹興信) 다대첨사는 훗날 정공단과 윤공단을 별도로 만들어 옮겨 모셨다.

일제강점기에 크게 손상을 입은 송공단은 1970년대에 여러 번의 공사를 통해 복원되었고, 지금의 제단은 《충렬사지》

기록에 따라 2005년에 재복원한 모습이다. 송공단은 현재 7개 단 위에 총 16기의 비석을 모시고 있다. 비석 밑의 단을 잘 살펴보면 높이가 조금씩 다르다. 여성은 별도의 단에 모셨고 관노(官奴)의 비석은 담장 아래 바닥에 세웠다. 조선시대의 엄격한 신분제도와 성의 질서가 단과 비석을 조성하는 데에도 반영된 것이다.

정공단

동구 좌천동에 위치한 정공단(鄭公壇)은 부산진성전투에서 숨진 정발 장군을 기리기 위해 조성된 제단이다. 임진왜란 첫 전투가 이 일대에서 벌어졌다. 1592년 4월 14일, 고니시 유키나가가 이끄는 왜군 선봉대가 처음으로 쳐들어온 곳이 부산진성이었다. 당시 부산첨사였던 정발 장군은 절대 우세인 왜군을 맞아 혈전을 벌였다. 왜군은 성을 완전히 포위하고 조총을 발사하면서 진군해 왔다. 처음에는 공격을 막아냈으나 밀려드는 왜군의 숫자와 군사력을 감당할 수 없었다. 중요한 무기인 화살도 떨어졌고, 결국 용맹한 정발 장군마저 왜적이 쏜 탄환에 맞아 전사하고 말았다. 성을 점령한 왜적들은 사람과 짐승을 가리지 않고 무차별적으로 살육했다.

정공단에는 마지막까지 부산진성을 사수하다가 전사한 정발 장군을 비롯해 부하 이정헌, 애첩 애향, 사내종 용월, 숨진 백성들의 단이 함께 마련되어 있다. 2009년에 새로운 모습으로 단장했으며 해마다 4월 14일에 제사를 지낸다.

신분에 따라 높이가 다른 송공단의 비석들

부산에서 가장 오래된 동래시장

조선 중기 이후 시장이 크게 발달해 지방마다 오일장이 열렸다. 각 지역의 오일장들은 시간과 공간이 서로 겹치지 않도록 적당히 배치되었다. 동래부에서는 읍내장(2 · 7일)을 비롯해 좌수영장(5 · 10일), 부산장(4 · 9일), 독지장(1 · 6일), 구포장(3 · 8일) 등이 열렸다. 이 가운데 읍내장이 바로 동래시장이다.

동래시장이 정확히 언제부터 시작되었는지는 알 수 없다. 1770년에 편찬된 《동국문헌비고(東國文獻備考)》에 동래읍내장이 기록되어 있으니 줄잡아 300여 년은 되었을 것이다.

동래시장은 동래 사람들이 모여 교류하고 소통하는 문화적 장터였다. 이웃마을 사람들과 만나 동래파전[•]을 안주 삼아 탁

[•] 조선시대 이래로 동래 지역에서 전래된 향토음식이다. 쌀가루 반죽과 쪽파, 해물 등을 섞어 요리한 파전으로, 다른 지역의 파전과 달리 좀 질게 만들고 해산물이 듬뿍 들어간 것이 특징이다.

주 한 잔을 나누면서 그동안 쌓인 이야기를 풀어내는 정겨운 장터였으며, 각설이 장타령을 흥겹게 듣고 장기와 투전판이 벌어지기도 했다. 일제강점기에도 동래시장은 여전히 상업의 중심지였다. 당시 동래시장을 촬영한 사진을 보면 상인들과 손님들로 발 디딜 틈이 없다. 동래부동헌 주변 길이 모두 장터로 변하고 흰옷을 입은 백성들로 가득 찼다.

시장은 또한 나라를 빼앗긴 울분을 풀어내는 저항의 장소였다. 1919년 3월 13일, 동래시장이 열리자 새벽부터 약 2000명이 모여들었고 동래고등학교 학생 30여 명이 넓은 마당에서 '조선독립만세'를 부르면서 선언서를 배포했다. 이 날 10여 명의 주모자가 잡혀갔음에도 3월 19일에 다시 동래시장에서 만세운동이 벌어졌다. 학생들이 동래경찰서로 돌진하는 등 치열하게 운동을 벌여 일본 경찰의 무자비한 탄압을 받았다. 이후로 동래시장은 상당한 변화를 겪었다. 일제가 골치 아픈 동래시장을 공설시장으로 지정한 후 동래고등학교 부지를 사들여 그곳에 시장을 조성했다.

동래시장의 히트상품

조선시대 동래의 히트상품은 담뱃대와 유기(鍮器)였다. 실학자 서유구가 편찬한 《임원십육지(林園十六志)》에는 동래시장에서 거래되었던 주요 상품들이 열거되어 있다. 그중에 단연 눈에 띄는 품목이 연죽(煙竹, 담뱃대)과 유기이다.

담뱃대는 담배를 피우기 위한 도구로, 요컨대 담배의 유행과 함께 등장했다. 국내에 담배가 처음 들어온 곳이 바로 부산이었다. 17세기 초 부산포에 입항한 일본 상인들은 담배를 '약'이라고 속여서 팔았다. 이들은 술잔 모양의 작은 통이 달린 긴 자루로 담배 연기를 빨아들였다. 담배와 담뱃대가 동시에 부산에 들어와 전국으로 퍼졌음을 추측할 수 있는 대목이다. 동래를 비롯해 울산, 경주, 김천 등 영남 일대에서 담뱃대를 만드는 수공업이 번창했다.《춘향전》내용 중에 '왜간죽 부산대에 담배를 너훌지게 담는다.'는 구절이 나오는 것으로 보아 동래 담뱃대가 제일 인기를 끌었던 것 같다.

동래유기도 담뱃대에 버금가는 히트상품이었다. 유기는 구리와 주석 등을 합금해 만든 놋그릇이다. 일반 식기로 쓰기에는 값이 꽤 비쌌고 제사용으로 많이 사용했다. 동래유기는 특히 빛깔이 아름답고 문양이 정교해서 전국적으로 명성이 자자했다고 한다. 동래에서 이런 히트상품이 생겨난 것은 수준 높은 세공 기술을 보유한 장인들이 있었기 때문이다. 동래부에 소속된 장인 가운데는 유기를 전문으로 제작하는 유기장(鍮器匠)도 있었다. 이들은 관청에 소속되어 물품을 생산하는 관영수공업자였는데, 조선 말기에는 민영수공업자로 일하기도 했다.

새로운 시대가 오자 동래의 히트상품들은 급속도로 사라졌다. 그것이 히트상품의 숙명일까? 근대로 들어서자 종이로 만

궐련이 유행하면서 담뱃대는 쓰임새가 없어졌다. 값싼 도자기가 대량생산되면서 무겁고 비싼 유기도 운명을 다했다. 이제는 동래 담뱃대와 유기의 명맥이 완전히 끊겨 오래 전 제조법조차 알 수 없게 되었다고 한다.

민족의 목욕탕,
동래온천

동래온천은 유구한 역사를 흘러온 우리 민족의 목욕탕이다. 역사적인 시각에서 보자면 부산의 대표 관광지는 두말할 것 없이 동래온천이다. 동래온천은 삼국시대부터 명성이 자자했다. 《삼국유사》에는 683년 신문왕 시절의 재상인 충원공이 동래온천에 다녀갔다는 기록이 있다. 동래온천의 따뜻한 역사는 거의 1400여 년을 흘러 오늘에 이어지고 있다. 그뿐이겠는가. 동래온천은 우리나라의 목욕 문화를 이끈 산실이었다. 이곳에서 탄생한 목욕 문화가 전국으로 퍼져나가 유행했다.

조선시대까지만 해도 동래온천은 주로 아픈 환자를 위한 치유와 휴식의 공간이었다. 따뜻한 온천탕에 몸을 담그고 있으면 건강을 되찾을 뿐더러 정신까지 맑아졌다고 한다. 그래서인지 많은 시인묵객이 동래온천을 다녀간 후에 아름다운 글을 남겼다. 일례로 고려 말 문신이었던 박효수는 목욕을 마친 후 잠을 잔 상쾌한 기분을 이렇게 노래했다. '나는 학의 비상이 무엇이 부러울까. 이 몸과 이 세상 까마득히 잊어버리고 달게 한참 자니.' 그런데 흥미로운 점은 고려시대 동래온천에 때를 밀어주는 시녀들이 있었다는 사실이다. 박효수는 같은 시에서 고운 손으로 늙은이 등을 닦아줘서 때가 눈같이 녹아내렸다고 썼다.

동래온천장에 가면 노천족탕 옆에 있는 온정각은 꼭 보아야 한다. 그 앞에 서면 동래온천의 역사적 온기가 고스란히 전해진다. 이곳 지하에서 나는 온천수는 조선시대 동래부가 운영했던 온정(溫井)으로 처음 용출되었다. 일제강점기에는 동래면이 경영하는 공중욕탕으로 굽이쳤다가 현대에는 깨끗한 물이 나오기를 기원하는 온정각으로 흐른다. 온정각 경내에는 부산시 기념물 제14호로 지정된 '온정개건비'가 우뚝 서있다. 1766년 강필리 동래부사가 남탕과 여탕을 구분한 9칸짜리 목욕탕 건물을 이곳에 지었는데 그때의 대대적인 공사를 기념해 세운 비석이다. 이를 통해 조선시대 목욕탕의 규모와 특징을 어림잡을 수 있다.

하지만 동래 사람들의 바람대로 이곳 온천의 수질이 항상 좋았던 것은 아니다. 개항 후 일본인들은 동래온천장 주변의 시가지를 정비하고 교통시설을 구축했다. 거기에 여관과 요릿집들이 들어서면서 동래온천은 점차 '휴양과 치료의 장'에서 '오락과 유흥의 장'으로 바뀌어갔다. 근대 관광지로 변모한 동래온천장에는 술, 기생, 도박까지 판을 쳤다. 당시의 지식인들은 깨끗했던 동래온천이 음탕한 곳으로 변했다고 개탄했다. 동래온천에서 탄생한 식민지 목욕탕의 모습은 탁류처럼 조선 전역으로 퍼져나가, 동래온천 여관의 내탕(內湯) 시설과 공중욕탕이 식민지 조선 곳곳에 세워진 대중목욕탕의 모델이 되었다.

동래온천은 상전벽해다. 아니, 주객전도다. 1970년대를 지나며 시가지가 개발되어 온천장 주변의 도시경관이 완전히 바뀌었다. 이제는 상업시설과 아파트 숲에 뒤덮여 원래 주인이던 온천은 찾기조차 어려워졌다. 역사를 잊고 문화가 빠진 도시 정책은 이처럼 난개발로 흘러가는 법이다. 세월 따라 덧없이 변했으나 온천수만큼은 끊임없이 나온다는 사실에 감사해야 할까?

민족의 목욕 문화를 선도했던 선조들의 유전자도 부산 사람들의 피에 여전히 흐르고 있을 것이다. 우리나라 전역을 흔들었던 찜질방의 원천(源泉)이 사실은 동래온천장에서 솟아나왔다. 게다가 부산 사람은 일명 '이태리타올'이라고 부르는 때수건을 처음 발명해 전국 목욕탕에 때 미는 풍속을 퍼뜨렸다. 이게 다 동래온천역사 아래층에서 한결같이 흐르고 있는 동래온천수의 힘이다.

경상좌도 해군기지였던 수영

부산에는 수영구가 있고 수영강이 있으며 수영동도 있다. 수영야류, 수영농청놀이 등 수영이라는 지명이 곳곳에 들어있으나 정작 사람들은 그 의미를 잘 모른다. 수영(水營)은 조선시대에 경상좌도 수군절도사가 있던 해군기지였다. 조선시대 관청의 이름이 그대로 지명이 된 것이다.

현재 수영구 수영동에 있는 수영사적공원은 당시 수사(水使, 수군절도사)가 근무하던 수영성이다. 성벽은 거의 사라지고 아치 형태의 홍예(虹霓)인 남문만 남아있다. 그래도 수영사적공원에 가면 수영의 흔적을 찾을 수 있다. 곰솔나무와 푸조나무, 수사선정비와 송씨 할매당* 등 수영의 자연 · 문화유산이 그대로 남아있고 야외놀이마당에서는 수영야류(水營野遊)**를 비롯한 전통놀이 공연도 한다.

조선시대의 부산을 이끄는 두 축은 동래와 수영이었다. 행정 중심지로서의 동래와 군사중심지로서의 수영이 조선의 부산을 굴러가게 했다. 임진왜란을 혹독히 겪은 조선 정부는 왜구로부터 해안을 지키기 위한 중요한 군사적 요충지를 수영으로 지정하고 수사를 파견했다. 특히 일본과 마주본 경상도와 전라도에는 각각 2명의 수사를 파견했다.

지금의 수영사적공원 일대는 경상좌도 수영의 본거지로, 이곳에 부임해 온 수사는 낙동강 동쪽부터 경주까지의 바다를 관할하는 최고지휘관으로서 동래부사 못지않은 권한을 행사했다. 당시 수영은 바다를 방어할 뿐만 아니라 배를 만들고 무기를 제조하고 수군을 훈련시키는 일까지 했다.

하지만 구한말 군대해산령에 따라 군사 도시인 수영은 삽시간에 폐지되었다. 이후 정체성을 잃은 수영은 낙후일로를 걸었고 지명으로만 남아 옛 명성을 감지할 수 있을 뿐이다. 지역으로서도 수영은 나날이 젊어지는 해운대와 광안리 사이에 끼

● 수영사적공원 내에 있는 곰솔나무는 해안가에 잘 자라는 소나무(海松)로서 천연기념물 제270호로 지정되었다. 푸조나무는 수령 500년 이상으로 추정되는 노거수로 천연기념물 제311호이다. 주민들은 이 푸조나무를 마을을 지켜주는 당산목으로 여긴다. 수사선정비는 수영성에 파견된 수사(水使)들의 공덕을 기리기 위해 세운 비석이다. 수영성 남문 주변에 흩어져 있던 비석 33기를 모아 수영사적공원 내에 세웠다. 송씨 할매당은 수영동 주민들이 마을 수호신인 송씨 할매를 모시기 위해 세운 제당으로, 매년 대보름을 맞아 마을의 안녕을 기원하며 제사를 올린다.

●● 수영야류는 수영 지역에서 전승되는 민속극이자 탈놀이이다. 야류(野遊)는 '들놀음'으로 풀이된다. 수영야류는 수사가 군졸들의 사기를 높이기 위해 합천 초계 밤마리의 대광대패를 데려와 놀게 한 데서 유래했다고 한다.

●●● 침체된 수영동 일대를 문화적, 경제적으로 되살리기 위해 지정한 문화특화마을이자 이를 추진하기 위한 공동체 프로젝트를 말한다. 수영팔도시장을 부흥시키기 위한 사업, 수영성의 역사문화 자원을 홍보하는 각종 프로젝트를 진행하고 있다.

어 별다른 관심을 받지 못했다. 하지만 요즘, 수영의 부흥을 위한 움직임이 커지고 있다. 수영구의 젊은이들이 수영성 팔도문화마을•••을 조성하고 팔도시장 인근 상권을 살리기 위해 노력하고 있다.

영가대와 조선통신사

조선시대에 지금의 부산 동구 자성대 근처에 있었던 영가대(永嘉臺)는 그리운 옛 건축물이다. 당시 일본을 오가던 통신사가 출발하고 도착하는 부산포의 상징물이었다. 그 시절에 사람의 힘으로 조성한 인공 언덕에 지어진 누각이라는 사실도 흥미롭다. 한데 오늘날 조선통신사역사관 앞에 새로 복원해 놓은 영가대는 그다지 마음에 들지 않는다. 옛 누각의 풍모가 잘 느껴지지 않거니와 원래 위치에서도 한참 떨어져 있다. 영가대의 본래 자리는 범일동 부산진시장 서쪽 철로 변이었다. 1951년 이 옛터에 범일동 주민들이 영가대기념비를 세워두었으니 그나마 다행한 일이다.

영가대는 1614년 경상도 관찰사 권반(權盼)이 설치했다. 임진왜란의 여진이 남아있고 왜적 방어가 중요한 시절이었다. 부산포로 불어오는 바람 때문에 전함들이 빨리 노후하자 권반은 항만 기능을 진작시키기 위한 준설 공사를 시행한다. 지리적으로 이 일대는 동천에서 흘러 내려온 토사가 모래 턱을 형성해 썰물에는 전함이 빠져나가는 데 애를 먹었다. 당시 공사를 하면서 파낸 준설토가 높은 언덕을 이루자 그 위에 바다를 구경하고 망도 볼 수 있는 누각을 세웠다. 이후 부산을 방문한 이민구 선위사(宣慰使)가 누각에 영가대라는 이름을 붙여주었다. 영가(永嘉)는 권반의 본향(本鄕)인 안동의 옛 지명을 가리킨다.

1617년 오윤겸이 영가대에서 처음으로 일본을 향해 출발한 후로 이곳은 일본과 조선을 오가는 통신사들이 출발하고 도착하는 기점이 되었다. 통신사 일행에게는 영가대야말로 출발할 때는 그립고 돌아올 때는 반가운 조선의 아이콘이었다. 이곳은 또한 해신제(海神祭)를 올리는 신성한 장소였다. 통신사가 출항하기 전에는 반드시 무사 항해를 기원하는 해신제를 올렸다. 통신사의 사행 길은 기나긴 만 리 길인데다 수행 인원이 자그마치 500여 명에 달했다. 위험한 해난사고가 언제든지 이들을 덮칠 수 있기에 조선 땅을 떠나기 전에 반드시 영가대에 제당을 차리고 제물을 진설해 바다 신에게 제사를 올렸다. 해신제를 올리기 전에 제관들은 필히 목욕재계를 하고 술 담배를 끊는 등 엄격한 금기도 뒤따랐다.

영가대는 자연히 부산포의 랜드마크가 되었다. 부산포를 떠올리면 바로 영가대가 연상될 정도로 조선시대 부산을 대표하는 상징물이다. 영가대는 부산을 찾은 사대부들이 꼭 들리는 유람 코스였고 시인묵객들의 글에도 자주 등장했다. 새로 부임한 동래부사들도 이곳에 들러 빼어난 부산포 절경을 시 한 수로 읊었다.

그러나 제국의 시대가 다가오자 영가대의 지위는 삽시간에 흔들렸다. 일제는 조선 침탈과 군수 물자의 수송을 위해 한반도 종단 철도 부설에 매진했고, 이때 놓인 경부선이 영가대 바로 옆을 통과하게 되었다. 근대의 철도는 쏜살같이 지나가면서 조선의 영가대를 짓눌렀다. 통신사가 해신제를 지내고 출발했던 영가대의 기능은 이미 소용을 잃었다. 일제는 선린외교의 상징을 오히려 장애물로 여겨 별다른 보존 조치도 하지 않았다. 이후 영가대는 일본인 별장이 있던 능풍장(陵風莊) 마을로 옮겨졌다가 별장이 철거되면서 함께 사라지고 말았다.

낙동강의 교통 결절점,
구포

부산 북구의 구포(龜浦)는 낙동강 배가 드나드는 포구였다. 구포나루터에는 물건을 선적한 상인 선박이 모여들었다. 그 시절 보부상들이 불렀다는 '구포 선창노래'가 돛단배에 실려 구포나루터까지 흘러왔을 것이다.

'낙동강 칠백 리 배다리 놓아놓고/봄바람 살랑살랑 휘날리는 옷자락/물결 따라 흐르는 행렬 진 돛단배에/구포장 선창가엔 갈매기만 춤추네.'

구포는 포구다

조선시대에 구포는 물류의 중심지였다. 1682년 조선 정부가 세곡을 보관하고 수송하기 위한 창고를 이곳에 세우면서 물류 집산의 근거지가 되었다. 이 창고를 감동창(甘東倉) 혹은 남창(南倉)이라 했다. 감동창에 모인 세곡은 경상도 해안가를 지키는 수군들에게 지급하는 봉급으로 주로 쓰였다.

낙동강 하류에 위치한 구포는 양산, 동래, 김해에 이르는 교통 결절점이며 남해 바다로 쉽게 다다를 수 있는 수운의 시발점이었다. 이런 지리적 조건 때문에 이곳에 감동창을 설치한 것이다. 창고가 들어서고 뱃길이 열리자 상인과 배들이 몰려들었고, 상거래가 활성화되어 시장이 크게 발달했다.

구포(龜浦)라는 지명에 대해서는 여러 설이 있다. 그중 《양산군지》에 나오는 '감동포는 일명 구복포(龜伏浦)이다.'라는 기록을 눈여겨볼 만하다. 구복포는 '거북이가 엎드리고 있는 포구'라는 뜻으로 해석되는데, 지리 형세로 본다면 구포는 이 말로부터 생겼다고도 짐작해 볼 수 있다. 위성사진을 보면 놀랍게도 구포 의성산 일대가 거북이 형상과 흡사하다. 의성산은 거북이의 머리에서부터 몸통까지, 완전히 거북이 판박이다. 마치 거북이가 금정산을 타고 내려와 엎드려 있다가 낙동강으로 느릿느릿 기어가는 형국이다. 안타깝게도 남해고속도로가 정확하게 거북이의 목 부위를 절단하듯 통과하고 있다. 풍수지리설의 입장에서 보면 고속도로가 이곳의 지기(地氣)를 끊어놓았다는 주장을 펼칠 만한 개발이다.

의성산

구포에 가면 야산 위에 건립된 북구문화빙상센터가 보인

다. 이 야산의 이름이 의성산(義城山)이다. 의성산은 고도 60미터의 낮은 산이지만 구포 시가지가 잘 내려다보인다. 서쪽으로는 남해로 흘러가는 낙동강 물줄기를 관망하고 동쪽으로는 금정산 산줄기를 엿볼 수 있다. 낮은 산임에도 산과 평지, 강을 한눈에 조망할 수 있기에 예부터 전략적 요충지로 주목받았다.

2002년 동아대박물관에서 빙상센터 건립 부지에 대한 대규모 발굴을 시작했다. 이 부근에 임진왜란 때 축조된 왜성(倭城)이 남아있기에 새 건물을 짓기 전에 구제 발굴 조사를 실시한 것이다. 조사를 시작하니 왜성은 물론이고 삼한시대부터 조선시대까지의 다양한 무덤과 유물이 쏟아져 나왔다. 가장 놀라운 사실은 고려시대 유물들이 출토되었다는 점이다. 특히 세련된 문양의 고려청자와 청동거울(銅鏡), 중국 동전과 유리구슬 등이 다수 발견되었다.

의성(義城)이라는 명칭의 유래에 대해서는 두 가지 설이 전해진다. 하나는 신라시대에 생긴 이름이라는 주장이다. 신라는 왜구 침입을 막기 위해 구포에 성을 쌓아 방어했는데, 황룡 장군과 500여 명의 군사가 성을 지키다가 전멸하자 이들의 의로운 죽음을 추모하기 위해 이곳을 의성(義城)이라 불렀다는 것이다. 또 하나는 임진왜란 때 의병의 활약 덕분에 생겼다는 설이다. 구포왜성을 축조한 왜적들이 전세가 불리해지자 성을 비우고 나갔는데, 이때 조선 의병들이 성을 장악하고 왜군을 공격해 의성이 되었다는 것이다. 두 가지 설 모두 사료에서 확인

된 것은 아니다. 역사적으로 부산 백성들이 일본의 침략에 맞서 싸웠다는 국난 극복의 의지를 담아 의로운 전설을 창조한 것인지도 모르겠다.

구포왜성

의성산에는 임진왜란 때 왜적이 건립한 성의 흔적이 남아 있다. 1593년 왜장 고바야카와와 다치바나가 축조한 구포왜성으로, 왜적 5000여 명이 이곳에 상주했다. 구포왜성은 김해 죽도왜성을 지원하는 지성(支城)으로 축조되었으며, 죽도왜성[●]과 호포왜성[●●]을 연결하는 기지로서 전략적 가치가 매우 컸다. 1595년 강화회담이 진행되면서 왜적은 철수했지만 정유재란이 발발한 후 다시 돌아와 성을 보강하기 위한 2차 축조가 이루어졌다. 이후 다시 전세가 불리해지자 왜적들은 울산의 서생포왜성으로 이동했다고 한다. 일본 사람들은 구포왜성을 '카도카이(カトカイ)성'이라 부르는데, 구포의 옛 지명인 감동포가 일본어로 바뀌면서 '카도카이'가 된 것이다. 조선시대에는 이 왜

● 부산 강서구 죽림동 가락산에 축조된 왜성이다. 주변에 대나무가 많아 '죽도성'이라 했다. 임진왜란 때 왜장 나베시마 나오시게가 축조했다.

●● 경남 양산시 동면 가산리에 축조된 왜성이다. 호포(狐浦)는 교통요충지로서 호포원(狐浦院)을 설치했던 곳이다. 임진왜란 때 왜군들이 호포원의 석축을 헐고 왜식 성곽을 구축했다.

성을 '감동포성' 또는 '감동성'이라고 불렀다.

의성산 정상부에는 구포왜성의 성곽이 확연히 남아있고, 성곽 위에 천수각(天守閣)을 세웠던 터도 있다. 지면과 거의 직각으로 세우는 우리나라 성곽에 비해 왜성은 비스듬하게 쌓는 것이 특징이다. 이런 축조 방식이 튼튼하고 오래 간다. 또한 왜성은 성곽 여러 개가 중심부를 에워싸는 구조라서 막상 적이 성 안으로 진입해도 미로에 빠진 듯 당황하게 된다. 400년의 세월이 흘렀음에도 성곽이 건재하다는 사실과 이에 담긴 침략의 역사에 놀랄 수밖에 없다.

빙상센터 부지를 발굴 조사할 때 일본의 조리용구인 스리바찌 외에 왜적의 물건은 별로 출토되지 않았다고 한다. 수습

의성산에 남아있는 구포왜성의 흔적

된 기와들도 모두 조선의 것이었다. 현지 백성들이 축성을 위해 강제 동원되거나 물자를 빼앗기는 등 큰 피해를 입었을 것으로 추측된다.

구포장

상설시장과 오일장을 겸하는 구포시장은 현대와 전통이 잘 조화된 곳으로 귀감이 될 만한 장터이다. 이 장터에서 3.1 독립만세운동이 일어나기도 했다. 현재 구포시장에는 750개의 상설 점포가 있고 오일장이 서는 날에는 1500여 개로 늘어난다. 하루 5만여 명의 손님이 찾는 구포시장 일대는 언제나 사람, 자동차, 물건들로 북적북적하다.

원래 구포에서는 3일과 8일에 장이 섰다. 1932년 이후로 장터가 덕천역 건너편으로 옮겨왔지만 조선시대에는 남창 주변 강변에서 열렸다고 한다. 강변에는 생선전과 젓갈전이 늘어서고 안쪽으로 짚신전, 포목전, 잡화전을 비롯해 우시장도 섰다. 구포장에는 장돌뱅이뿐 아니라 각설이들도 찾아왔다. 남루한 옷차림에 바가지와 숟가락을 들고 있을지언정 장에 온 각설이는 또 한 명의 예인(藝人)으로서 자부심이 있었다. 그들은 동냥을 하면서도 각설이타령을 불러 시장을 흥겹게 했다.

장타령은 '얼씨구나 잘한다, 품바나 잘한다.'로 시작하는 각설이타령의 일부이다. 이 장타령에는 부산의 내로라하는 전통시장 이름이 다 등장한다. 각설이가 부르는 장타령에 부산 오일장의 특징이 고스란히 담겼다고 해도 과언이 아니다.

'샛바람 반지 하단장 엉덩이가 시러버서 못 보고/골목골목 부산장 길 못 찾아 못 보고/꾸벅꾸벅 구포장 허리가 아파 못 오고/고개 넘어 동래장 다리가 아파 못 보고.'

부산의 여러 시장 중에 그래도 구포장이 최고였는지, 이렇게 끝을 맺는다.

'이 장 저 장 못 보고 장타령만 하는구나/품 품 각설아/이 장 저 장 다 다녀도/우리 구포장이 제일일세.'

유배지 기장에 내려온 사람들과 문학

기장군은 행정구역상 부산에서 유일한 군이다. 2000년대 초반까지도 기장군은 산으로 둘러싸이고 풍광이 아름다운 어촌으로 인식되었다. 하지만 기장읍과 정관읍 등 도처에 신도시가 조성되면서 오늘날 기장군을 가리키는 말은 아파트단지와 관광지가 되었다. 주말에는 해안가로 차와 인파가 몰려 혼잡하기 이를 데 없다. 이런 기장이 조선시대에 외딴 유배지였다는 사실을 상상조차 할 수 있겠는가?

기장은 경상도의 대표적인 귀양지였다. 사형 다음으로 무거운 형벌이었던 유배형은 사회로부터 죄인을 격리시키는 것이다. 우리나라 동남쪽 끝에 위치한 기장은 산과 바다로 둘러싸여 절도(絶島)와 다름없었다. 한양에서 920리가 떨어져 있거니와 한적한 바닷가마을인 기장은 유배지로 딱 맞았다. 그런 멀고 고독한 유배지가 창조적 문학을 탄생시키는 자양분이 되었다는 것이 또한 문학사의 역설이다.

일광해수욕장의 남쪽 도로변에는 고산 윤선도 선생의 시비와 삼성대(三聖臺) 표지석이 있다. 윤선도가 먼 기장까지 유배를 와 삼성대에서 애절한 시를 남긴 것을 기념하는 비석이다. 〈어부사시가〉로 유명한 윤선도는 조선시대 당쟁의 중심에 선 인물로, 언제나 전면에 나서 싸우다 보니 유배를 당하기 일쑤였다. 기장을 비롯한 다섯 곳의 유배지에서 무려 17년을 살았다. 광해군 시절 성균관 유생이었던 윤선도는 권신(權臣)들을 처벌하라는 상소를 올렸다가 함경도 경원으로 유배되었다. 2년 뒤 경상도 기장으로 유배지를 옮긴 윤선도는 인조반정이 일어날 때까지 5년을 보냈는데, 이곳에서 〈이별하는 아우에게 주다(贈別少弟)〉를 비롯해 여러 편의 주옥같은 시를 남겼다.

1621년 8월에 이복동생인 윤선양이 윤선도를 보기 위해 기장을 방문했다. 하지만 반가운 만남도 잠시, 윤선양은 다시 집으로 돌아가야 했다. 이 작별의 아쉬움을 담아서 쓴 시가 〈이별하는 아우에게 주다〉이다. '내 말은 빠르고 너의 말은 더디니, 이 길 어찌 차마 따라가지 못하겠는가. 가장 무정한 것은 가을의 해이니, 작별하는 이를 위해 잠시도 머물지 않네.' 빠른 말을 두고도 동생이 떠나는 뒷모습을 그저 바라봐야만 하는 안타까운 심정이 노랫말에 묻어있다.

그는 이 시에 '삼성대에 이르러 떠나보내면서 지었다'라는 주석을 달아놓았다. 이별 장소인 삼성대는 낮고 평평한 언덕이지만 일광 바다가 한눈에 들어오는 곳이다. 윤선도는 삼성대에 올라 동해를 바라보며 하염없이 눈물을 흘렸을지 모른다.

그로부터 180여 년 뒤에는 심노숭(沈魯崇)이 기장으로 유배를 왔다. 심노숭의 부친 심낙수는 노론 시파의 행동대장으로, 노론 벽파가 득세하자 아들인 심노숭까지 피해를 입어 유배형에 처해졌다. 심노숭은 은퇴한 아전의 집에서 거처했다. 그는 기장에 온 지 열흘도 안 되어 견디지 못할 지경이 되었다. 두 끼니를 먹는 것 외에는 할 일이 없었으니 긴 하루가 마치 한 해와 같았다. 유일한 낙이라면 장안사를 찾아가 불공을 드리는 일이었다. 온종일 밀려오는 고독을 이기기 위해 그는 책을 읽고 글을 썼다. 기장에 머무는 5년 5개월 동안 거의 매일 일기를 썼는데 이것이《남천일록(南遷日錄)》이다.

심노숭은 체면을 중시하는 여느 사대부와 달랐다. 그는《남천일록》에 기장의 풍경과 일화들을 담은 것은 물론이고 자신의 내면세계까지 솔직히 밝혔는데, 남들보다 지나친 정욕이 평생 괴로워하는 점이라 고백한 점이 눈에 띈다. 외딴 유배지에서는 끓어오르는 자신의 욕망조차 글쓰기의 대상이 되었다.

대동과 화합을 상징하는 동래줄다리기

줄다리기가 전승되는 곳은 쌀농사 지역이다. 줄을 만드는 주재료가 볏짚이기 때문이다. 조선시대의 부산은 바다를 접하고 있지만 기본 생업은 농업이었다. 오랜 역사를 지닌 동래줄다리기는 본래 동래 백성들을 하나로 이어주는 대동 놀이였다. 《동래부지》(1740)에는 '동부와 서부로 나누어 줄다리기로 승부를 겨루고 풍흉을 점친다.'고 기록되어 있다. 지금의 동래구청 앞으로 난 큰길을 기준 삼아 동부와 서부로 편을 나눴다고 한다.

하지만 일제 때 이 대회에는 멀리 해운대, 기장, 구포에서까지 사람들이 찾아왔다. 동래줄다리기가 열리는 날은 수만 명이 운집했다고 하는데, 1934년에 한 신문은 다음과 같이 썼다. '동래에서는 지난 5, 6일 읍내시장 통에서 대중적 오락인 줄다리기(索戰)를 개최했다. 이틀 동안 인근 각 촌에서 남녀노유(男女老幼)가 운집하야 수만으로 사람의 바다를 이루고 동서 양군이

질서 있게 싸웠다.'

동래줄다리기를 할 때면 일제도 촉각을 곤두세워 경찰은 물론이고 기병순사까지 배치했다. 3.1만세운동처럼 부산 사람들의 대일 항쟁이 발생할지도 몰랐기 때문이다.

동래줄다리기는 음력 정월 대보름을 전후로 3일간 진행되었다. 줄을 만드는 작업은 정초부터 시작한다. 아이들이 볏짚을 구하러 집집마다 찾아다니고, 새끼를 꼬아 만든 애기줄을 가지고 줄다리기를 하면서 논다. 어른들은 이 애기줄을 모아 엮어서 크고 굵은 줄을 만든다. 동부는 숫줄, 서부는 암줄을 만들고 이 암수 쌍줄을 꼬아 줄다리기를 한다. 각 줄은 세 가닥으로 되어있다. 줄은 비바람을 다스리고 농사를 관장하는 용신(龍神)을 상징한다. 줄다리기는 숫줄의 도래(머리 부분)를 암줄의 도래 안으로 넣고 그 사이에 비녀목을 걸어서 시작한다. 그 자체로 남녀 성행위를 모방한 농경의례이다. 거대한 용들의 성행위를 연출함으로써 생산과 풍년을 기원했다.

줄이 완성되면 여러 사람이 어깨에 걸쳐 메고 한바탕 농악을 치면서 논다. 질펀한 말이 오가고 서로를 희롱한다. 서부가 "부았네, 부았네, 동부 연장이 부았네." 하고 부르면 동부는 "달았네, 달았네, 서부 합자가 달았네." 하고 답한다. 그러다가 심판관의 신호에 따라 줄다리기가 시작된다. 이기는 편에 풍년이 오고 지는 편에는 흉년이 온다고 믿었기에 팽팽한 경쟁이 이어졌다.

그 모습이 마치 암수 용들이 겨루는 바다 속 큰 싸움과 같았다. 수만 명이 일시에 줄을 당기므로 엄청난 힘과 에너지가 흐른다. 줄꾼들이 일으키는 흙먼지 바람이 누런 파도를 이루고 함성과 풍물소리가 합해져 천지가 진동한다. 이렇게 줄을 당기다 쉬고 당기다 노는 과정을 무려 3일 동안 반복했다. 동부와 서부의 경쟁을 넘어 동래줄다리기는 모든 부산 사람이 하나로 단결하는 대동 축제였다. 하지만 급격한 산업화로 부산에서 농가가 사라지자 동래줄다리기도 위축되었다. 1980년대에는 시민의날 행사로 사직운동장에서 동래줄다리기를 했다. 요즘은 동래읍성역사축제에서 축소된 규모의 동래줄다리기를 볼 수 있다.

4

항구에서 시작된
근대도시의 역사

富山에서 釜山으로,
도대체 부산은 어디인가

지금은 부산이라고 하면 부산광역시를 가리킨다. 하지만 조선시대에 부산은 동래부에 속한 부산면(釜山面)에 해당되었다. 그렇다면 부산이 시작된 구체적인 장소는 어디일까?

부산은 지금의 동구 좌천동 부근에 있는 작은 포구에서 출발했다. 흥미로운 점은 고려시대에는 지금의 부산(釜山)이 아닌 부산(富山)을 한자로 썼다는 사실이다. 당시 특수한 계층이 사는 마을인 부산부곡(富山部曲)이 있었고, 신숙주가 지은《해동제국기》에도 부산포(富山浦)라는 명칭이 나온다. 그러다 성종 시절부터 한자를 바꿔 부산포(釜山浦)라 쓰기 시작하더니 결국 부산(釜山)이라는 지명으로 통일되었다. 왜 '부자 부(富)'가 '가마솥 부(釜)'로 변했는지는 여전히 수수께끼이다.

부산이 구체적으로 어떤 산을 말하는지에 대해서는 이견이 있다. 한동안 부산은 증산(甑山)을 가리키는 것으로 생각되었다. 증산은 동구 좌천동에 있는 산으로 시루처럼 생겼다 해서 붙은 이름이다. 부산을 증산으로 본 배경은 가마솥과 시루가 모두 불을 이용한 도구이고 생김새도 비슷하다는 점 때문이다. 임진왜란 때 왜적들이 산 정상을 깎아 왜성을 만들면서 가마솥 모양의 부산이 시루와 같은 증산이 되었다고 주장하기도 한다.

그런데 근래에 부산은 증산이 아니라 자성대(子城臺) 내의 산을 가리킨다는 주장이 강력히 제기되었다. 1663년 〈목장성 지도〉에서도 현재의 자성대공원 위치에 부산(釜山)이라 표기했을 뿐 아니라 《동국여지승람》에서도 '부산이 가마솥 모양과 같아서 이름이 지어졌고, 아래에는 바로 부산포가 있다.'고 했다. 자성대의 납작하고 둥그런 산이 가마솥과 더 비슷하며 해안가에 바로 접하고 있다는 점도 이 주장에 힘을 실어준다. 동구 범일동에 있는 자성대는 부산진성의 바깥성(外城)으로 세워졌다. 지금은 자성대공원으로 활용되고 있으며 그 앞에 조선통신사 역사관을 조성해 놓았다.

용두산공원에 올라 원도심을 보다

용두산공원에서는 동광동, 중앙동, 남포동, 광복동, 대청동 등 옛 부산의 중심지가 다 내려다보인다. 말하자면 이곳은 '원도심의 원도심'인 셈이다. 원도심(原都心)은 부산시청이 연산동으로 옮겨가기 이전의 중심지를 일컫는 말로 지금의 중구, 서구, 동구, 영도구 등을 원도심권이라 부른다. 다른 도시에서는 과거에 도심이었으나 지금은 쇠퇴했다는 의미에서 구도심(舊都心)이라는 용어를 사용한다. 그 반면, 원도심권은 부산의 과거가 아닌 부산의 미래이다. 부산의 역사가 시작된 곳도 이곳이요, 부산의 문화가 태동한 곳도 이곳이다.

인문학적 가치로 보건대 부산에 온 인문 여행객들에게 용두산공원은 필수적으로 다녀가야 할 코스이다. 현재 용두산공원에는 부산항을 조망할 수 있는 부산타워(1973년 건립, 높이 120m)가 있으며 이순신 장군 동상, 부산 시민의 종, 백산 안희제 선생의 흉상 등이 설치되어 있다.

용두산공원에서 근대의 부산이 출발했다고 해도 과언이 아니다. 조선시대에 이 일대에 초량왜관이 들어선 이후로 개항 시절의 일본인 전관거류지를 거쳐 일제강점기에는 식민 도시가 조성되었다. 한국전쟁 기간에는 임시수도의 중심지로 기능했다. 파란의 근현대사를 정면에서 부닥치다 보니 부산만의 독특한 혼종의 문화를 싹 틔웠다.

용두산(龍頭山)은 풍수지리학적으로 용의 머리에 해당하는 산이다. 부산부청(현 롯데백화점 위치)을 건립하기 전에는 그곳에 용의 꼬리에 해당하는 용미산(龍尾山)이 있었으나 공사로 깎여나갔다. 이 산을 조선시대에는 송현산(松峴山) 또는 중산(中山)이라 불렀다. 개항기 사진을 보아도 이곳에 소나무가 울창했던 모습을 확인할 수 있다. 호랑이가 이 송현산을 타고 넘어와 초량왜관에 출몰하기도 했다.

일제는 1915년부터 용두산 정상에 공원을 조성했다. 용두산을 휴식의 공간으로 활용함과 동시에 정상부에 신사를 세워 참배의 공간으로 성지화 하려 했다. 이미 초량왜관 시절부터 용두산에 신사가 있었지만 공원 정상(현 부산타워 자리)에 세운 신사는 훨씬 규모가 크고 웅장했다. 1932년에는 용미산을 철거하면서 그곳에 있던 신사까지 이전해 와 용두산은 신사 참배와 황국신민화의 공간으로 변질되었다. 이후 한국전쟁 때는 주변이 온통 피란민들의 판자촌으로 가득 찼으며 화재로 큰 피해를 보기도 했다. 한때 이승만 대통령의 호인 우남(雩南)을 따서 우남공원이라 불렀지만 4.19혁명이 일어나 다시 용두산공원으로 명칭이 환원되었다.

용두산공원과
주변의 도시 풍경

지금은 사라진 일본인 마을

초량왜관(草梁倭館)은 조선시대에 용두산 주변에 있었던 일본인 마을이다. 애석하게도 지금은 어떤 흔적도 남아있지 않다. 왜관에서는 우두머리 관수(館守)를 비롯한 일본인 500여 명이 거주하면서 일상적으로 업무를 보고 조선과 일본 사이의 무역 거래가 이루어졌다. 일본에서 외교 사절이 올 경우 숙식을 제공하는 장소이기도 했다. 그래서 왜관을 간략히 말하자면 외교 공관이자 상관(商館)이며 객관(客館, 게스트하우스)이라고도 할 수 있다. 조선 후기의 화가 변박이 그린 〈초량왜관도〉를 보면, 초량왜관은 동관(東館)과 서관(西館)으로 구분되어 있었다. 서관은 일본에서 파견 온 사신들이 일시적으로 머무르는 객관인 반면, 동관은 관수가 외교 업무를 하는 공관이면서 동시에 무역이 이루어지는 상관이었다.

임진왜란 이후 조일 간의 교류가 단절되었지만 일본은 지속적으로 관계 복원을 요청했고, 조선도 포로를 귀환시켜야 하므로 어쩔 수 없이 교섭에 응했다. 이때부터 일본은 왜관을 설치해 줄 것을 강력히 요구했다. 조선 정부는 영도에 잠시 왜관을 조성했다가 지금의 동구청 일대에 두모포왜관을 만들어 옮겨주었다. 두모포왜관을 고관(古館)이라고도 한다. 그러나 일본은 두모포왜관의 협소함을 문제 삼아 더 큰 곳으로의 이전을 요구했고 조선 정부가 1678년 새로 조성해 준 곳이 용두산 주변이었다. 약 11만 평의 넓은 땅에 외국인이 들어와 살도록 허락한 조치는 세계사적으로 유례가 없는 일이었다.

이웃나라와 화친하고자 하는 조선의 교린정책에 따라 일본은 200년 넘게 용두산 주변에 상주하면서 무역 거래를 할 수 있었다. 하지만 그들은 고마움을 느끼기는커녕 침략의 발톱을 날카롭게 세웠다. 개항과 근대화를 통해 더 강력해진 일본은 종전의 외교 관례를 부정하고 외무성이 나서서 왜관을 접수하고자 했다. 물론 조선이 이런 요구를 그냥 수용한 것은 아니었다. 하지만 결국 운요호사건* 을 빌미로 일본에게 개항을 강요당하고 그 과정에서 초량왜관을 없애고 그 자리에 일본인 전관거류지를 설치하도록 허락하고 만다.

일제가 운요호사건을 빌미로 강화도에서 무력 도발을 일으

* 일본은 1875년 군함 운요호(雲楊號)를 조선의 해안가에 침투시켰다. 조선 해안을 탐사한다는 구실이었으나 이것은 일제가 서양으로부터 배운, 억지 개항을 위한 함포 외교의 일환이었다. 불법 침입한 운요호에 조선 수군이 공격을 가하자 일제는 함포를 쏘아대고 영종진의 수군을 무참히 공격한 뒤 퇴각했다. 그런 다음 되레 자신들이 피해를 입었다면서 강화도조약 체결을 강요했다.

키자 더 이상 파국을 원치 않았던 조선은 울며 겨자 먹기로 일제와 불평등한 조약을 맺는다. 1876년 2월 27일, 일명 '강화도 조약'이라 부르는 〈조일수호조규〉를 체결한 것이다. 이로 인해 조선은 오랜 쇄국정치를 마감하고 문호를 급격히 여는 개방 체제로 재편된다. 조약의 핵심은 부산을 비롯해 인천, 원산 등 3개 항구를 전면 개항하는 것이었다. 기세등등해진 일본은 같은 해 7월 〈조일수호조규 부록〉과 1877년 〈부산구조계조약〉을 연이어 체결하도록 강제했다. 이 조약들은 기왕의 왜관을 철폐하고 그 자리에 일본인들만 사는 전관거류지를 설치할 것과 그곳에 일본인 영사가 상주한다는 내용을 담고 있었다.

전관거류지는 조선의 법이 통하지 않는, 오로지 일본인들을 위한 치외법권 지역이었다. 용두산 주변을 점령하고 행정통치권을 장악한 일제는 쥐꼬리만 한 비용을 내면서 11만 평의 땅을 마음껏 사용했다. 정식으로 거류지가 설치되자 일본은 자국민들을 이주시켰다. 일본에서 몰락한 하층민이 많았으며, 조선에서 무역과 상업을 통해 돈을 벌려는 목적으로 이주한 사람도 있었다. 전관거류지에 사는 일본인들은 일본 정부의 비호 아래 급속히 성장할 수 있었다. 결과적으로 전관거류지는 조선을 식민지화하는 단초가 된 동시에 근대 문물이 유입되는 통로였다. 일본인들은 거류지에 병원, 학교, 우편국, 상공회의소, 은행 등 근대적 기관들을 속속 설립했고 상점과 요릿집, 술집과 유곽들도 자리를 잡았다.

대일항쟁과
부산의 독립운동가들

부산 사람들은 대일 항쟁에 적극 나섰다. 부산 출신의 대표적인 독립운동가로는 박재혁(1895~1921), 박차정(1910~1944), 안희제(1885~1943)를 들 수 있다. 박재혁 선생은 부산 범일동에서 태어나 부산경찰서에 폭탄을 투척한 투사이며, 박차정 선생은 복천동에서 출생해 근우회와 의열단에서 활동한 여성 독립운동가이다. 안희제 선생은 부산 동광동에 백산상회를 세웠고 중외일보를 인수해 언론 활동을 했으며 만주에서 발해농장을 운영하기도 했다.

2015년 독립운동가의 암살 작전을 다룬 영화 〈암살〉이 영화판을 주름잡았다. 최동훈 감독이 영화를 기획할 때 부산 독립운동가들의 스토리가 큰 몫을 했다고 한다. 우선 의열단의 핵심 멤버였던 박재혁 선생의 의거가 영화에 모티프가 되었다. 박재혁 선생이 부산경찰서에 폭탄을 투척할 때는 영화보다 훨씬 드라마틱한 상황이었다. 이미 일본 형사들이 의열단의 거사를 눈치 챈 데다 경찰들로 북적거리는 경찰서에 들어가 서장에게 폭탄을 던진 의거는 대범한 박재혁 선생이기에 가능한 일이었다. 선생은 사형을 선고받고는 이제 죽어도 아무 여한이 없다, 왜놈 손에 사형당하기 싫다면서 단식을 해 목숨을 끊었다. 그때 나이 27세였다. 이런 독립운동가의 역사가 한 편의 영화와 함께 떴다가 사라진다면 얼마나 한탄스런 일이겠는가.

해방 이후 친일파가 권력과 부를 누리며 살아간 반면, 독립운동가들은 일찍 절명한 탓에 후손도 없거니와 삶의 자취조차 찾기 어려웠다. 박재혁 선생의 생가터는 범일동 550번지로 알려졌음에도 다른 주택들로 인해 복원이 어려워 그 일대를 '박재혁 거리'로 명명할 뿐이다. 아쉬운 마음을 그나마 김원봉의 부인이었던 박차정 의사의 생가에서 달랠 수 있다. 동래고등학교 인근에 있는 박차정 의사 생가는 좁은 골목을 헤매다 간신히 찾을 수 있다. 다른 집들로 빼곡히 둘러싸인 4칸짜리 작은 한옥이다. 여성이면서도 무장투쟁을 했던 그녀는 곤륜산전투에서 입은 부상을 이겨내지 못하고 안타깝게 광복 한 해 전에 숨졌다. 그녀의 혁명적인 삶을 어찌 이 작은 공간에 다 담을 수 있겠느냐마는 그래도 생가가 남아있기에 그의 숭고한 뜻을 되새길 수 있다.

부산 동광동에는 백산 안희제 선생의 뜻을 기리는 백산기념관이 건립되어 있다. 안희제 선생이 백산상회를 세우고 독립운동 자금을 댔던 곳이다. 선생은 일제의 탄압이 심해지자 백산상회를 해산하고 만주로 갔다. 거기서 발해농장을 만들어 동포들의 생활 기반을 조성하고 독립군을 조직해 무력투쟁에도 나섰다. 민족종교인 대종교 활동도 했다. 하지만 1942년 국내로 잠입하려다 체포되어 모진 고문을 겪은 뒤에 서거하고 말았다.

박차정 의사의 생가

부산 1부두를 아시나요?

부산은 항구도시이다. 무릇 부산의 정체성은 항구에 있다. 하지만 지금은 부산의 행정구역이 내륙으로 크게 확장되었기에 항구를 볼 수 없는 지역도 숱하다. 항구를 보려면 동구 범일동에서 중구 중앙동까지 남북으로 길게 이어진 해안도로인 '충장로' 쪽으로 가야 한다. 이 도로를 따라서 1, 2, 3, 4, 5 부두가 일렬로 이어져 있다. 충장로에 인접한 부두들은 모두 북항에 속한 시설이다. 부산항은 부산본부세관을 기준으로 위쪽의 북항(北港)과 아래쪽의 남항(南港)으로 구분된다. 북항은 인적 · 물적 자원이 드나드는 터미널이자 물류항이고, 남항은 수산물을 싣고 들어오는 어항(漁港)이다.

부두는 항구로 들어오는 선박이 접안할 수 있는 시설이다. 1부두에서 4부두까지의 북항 부두는 역사도 깊거니와 우리 민족의 땀과 애환을 담고 있다. 특히 부산 1부두는 우리나라 최초의 근대식 부두로 꼭 보존해야 할 항구 시설이다. 일제는 전관거류지의 면적이 부족해 도시 기반시설을 제대로 구축할 수 없었다. 그리하여 일찍부터 바닷가를 메워 땅으로 만드는 매축공사를 기획했다. 1902년부터 1908년까지 대규모 매축공사를 통해 생겨난 평지가 지금의 중앙동 일대이다. 그 때문에 '새마당'이라는 지명도 생겨났다. 1호선 중앙역 인근에는 새마당 매축기념비가 세워져 있다. 새마당이 조성됨으로써 잘 다져진 평지와 연결해 부두시설을 더 구축할 수 있었다.

일제는 1906년에는 지금의 연안여객터미널 쪽으로 임시 잔교(棧橋)를 설치해 사용했다. 그러다 1912년에 1부두, 1918년에 2부두를 완성했고 일제 말기인 1941년에 3부두, 1944년에 4부두를 건설했다. 중앙동 부산본부세관 바로 옆에 1~2부두가 나란히 있다. 1~2부두는 한국전쟁 시절에 가장 바쁜 항구였다. 전쟁이 난 직후 일본에 주둔하던 스미스 부대가 이곳으로 처음 입국한 뒤로 유엔 참전용사들도 속속 1~2부두를 통해 들어왔다. 3부두에 하역된 원조 구호물자들은 피란민들이 가난하고 힘든 시절을 극복하는 데 힘이 되어주었다. 마지막인 5부두는 1970년대 부산항에 최초로 만들어진 컨테이너 부두이다. 허치슨터미널• 또는 자성대부두라고도 부른다.

• 허치슨터미널은 제5부두를 운영하는 회사의 이름을 딴 호칭이다. 다국적 터미널 운영사인 허치슨포트는 홍콩에 본사를 두고 있으며, 2002년 현대상선으로부터 5부두를 인수해 컨테이너 하역 처리를 맡아하고 있다.

근대건축물은 추억의 창고다

중구 대청동에 있는 부산근대역사관은 대표적인 근대건축물이다. 1929년 동양척식주식회사 부산지점으로 건립되었으며 해방 후 줄곧 부산 미문화원으로 사용되었다. 부산 시민의 품으로 돌아온 때는 1999년이다. 부산의 근대사를 보여주는 역사관으로 개장한 지 20년 가까이 되었건만 아직도 '부산 미문화원'으로 기억하는 사람이 많다. 택시 운전사들도 부산근대역사관이라고 말하면 몰라도 부산 미문화원이라고 하면 금방 알아듣는다.

부산근대역사관을 일제 수탈과 외세 점령의 현장으로만 설명하는 것은 어딘가 부족해 보인다. 우리 삶의 구체적 기억들을 살리지 못한 탓인가? 한 재미동포로부터 미문화원 시절에 얽힌 추억담을 들었다. 1층 작은방에서 비자를 받기 위해 하루종일 대기했다는 이야기며 지금의 3층 전시실에서 이민을 떠나기 전에 가슴 두근거리며 하룻밤을 세웠다는 이야기가 흥미롭다. 그에게 부산근대역사관은 사랑하는 조국을 떠나기 전 마지막 추억이 저장된 장소이다. 이처럼 근대건축물들은 부산의 거시적 역사가 휘몰아쳤던 공간일 뿐 아니라 우리 삶의 미시적 스토리들이 차곡차곡 보관된 추억의 창고이기도 하다. 그러므로 근대역사관을 보존한 것은 정말 잘한 일이다. 이곳을 없앴다면 미문화원에 얽혔던 부산 사람들의 추억과 이야기까지 함께 사라졌음이 자명하다.

동광동 백산기념관 옆에는 과거 '청자빌딩'이라고 불렀던 빨간 벽돌 건물이 있다. 왜 청자빌딩일까? 실은 이 건물 1층에 '청자'라는 주점이 있었기 때문이다. 대부분 일제 때 지어진 근대 건축물들은 문화유산으로 대접받지 못해 수난을 겪는 일이 허다했다. 이 건물도 사무실, 인쇄소 창고, 유흥주점 등으로 사용되면서 외형과 구조가 수없이 변경되었다.

청자빌딩은 본래 한성은행 부산지점으로 건립되었다. 한성은행은 황실 측근이긴 해도 우리나라 사람이 1897년에 세운 최초의 민족계 은행이었다. 1918년에 한성은행이 부산까지 진출하면서 이 건물을 세웠으니 역사적 가치가 높다 하겠다. 뒤늦게라도 건물을 보존해야 한다는 여론에 힘입어 부산시가 직접 매입한 후 생활문화센터로 개조하고 있다.

부산근대역사관 바로 옆에 있는 구(舊) 한국은행 부산본부 건물은 1963년에 신축한 근대 건축물이다. 문현동 금융단지로 이사 가기 전까지 한국은행 부산본부가 여기에 있었다. 일제는 강제적 합방 이후 이 자리에 조선은행 부산지점을 세웠다. 한국전쟁 때는 한국은행이 피란을 내려와 본점으로 사용했다. 부산이 피란수도이던 시절 화폐개혁을 단행했던 중요한 장소이다. 이후 1963년에 우리나라 건축가 1세대인 이천승이 다시 설계해 지금의 건물을 세웠다. 철근 콘크리트 조를 사용한 우리나라 초창기 금융건물로서 건축학적 가치가 높다.

이밖에도 부산 원도심권에서는 여전히 그 자리를 지키고 있는 근대 건축물을 만날 수 있다. 근대역사관 건너편 대청동의 비좁은 골목 안에는 붉은 벽돌과 높게 뻗은 첨탑이 멋진 대한성공회부산주교좌성당(등록문화재 제573호)이 웃고 있다. 토성동에는 다부진 몸체와 굵은 선이 믿음직스런 남선전기 사옥(등록문화재 제329호)이 흔들림 없이 버티고 서있다. 모두 80여 년의 모진 풍파를 견뎌낸 근대유산들이다. 누군가는 이 건축물들을 보면서 자신의 오래된 추억을 회상할지 모른다. 성공회성당에서 세례를 받았던 일이며 남선전기 사옥에서 신입사원으로 근무했던 기억을 풋풋하게 떠올릴 수도 있다.

근대 기상에 눈을 뜨다

예부터 우리나라는 기상학 강국이었다. 강우량을 측정하는 측우기와 하천 수위를 재는 수표(水標)만 보아도 잘 알 수 있다. 일본의 근대 기상학 선구자로서 조선총독부 관측소의 초대 소장을 지낸 와다유지(和田雄治)는 조선에 들어와 측우기와 측우대를 보고 깜짝 놀랐다고 한다. 이미 세종 시절부터 한양뿐만 아니라 지방에서도 측우기를 설치해 강우량을 측정했다는 역사적 사실에 감탄한 것이다. 농업을 중시한 조선은 일찍이 농사 지역의 과학적 기상 관측에 큰 공을 들였다.

개항이 되자 기상학의 무게중심이 해양 쪽으로 옮겨갔다. 1883년 부산 해관에서 처음으로 근대적 기상 관측을 시작했다. 해관의 본업은 관세 징수였으나 선박들의 안전한 항해를 위해 기상 상황을 파악할 필요가 있었다. 열강들도 앞 다퉈 조선의 기상을 관측하기 시작했다. 일본은 전신국에 간이 기상관측소를 세워 조선의 일기를 일본으로 전송했고, 러시아도 공관 구내에 기상 관측 기기를 설치했다. 조선을 장악하려면 군사작전이 불가피하고 이를 위해 시급히 파악해야 할 것이 날씨였기 때문이다. 실제로 러일전쟁을 일으킨 일제는 부산을 비롯한 5개 항구에 임시 기상관측소를 설치하고 본격적인 기상 관측에 나섰다.

부산측후소(釜山測候所)의 역사는 이렇게 시작된다. 1904년 3월 부산에 설립된 임시 측후소는 우리나라 최초의 근대 기상청이었다. 지금의 보수동에서 처음 문을 열고 매일 기상을 관측해 그 결과를 통감부에 보냈다. 일제가 조선 국권을 찬탈한 후에는 아예 기상 업무를 총괄하는 조선총독부 관측소의 직제로 편성되었다. 당시 와다유지가 총독부 관측소의 초대 소장으로 부임했다.

부산 경남 일대의 기상을 주관하는 부산측후소는 업무가 나날이 증가했다. 비행기가 운행되자 항공 기상을 관측해야 했고 날씨를 전망하는 일기예보 업무도 늘어났다. 보수동의 협소한 사무실에서 더 많은 업무를 보기 어려워지자 1934년 신청사를 건립해 이전하는데, 이것이 지금의 중구 대청동 복병산 정상에 있는 부산지방기상청(기념물 제51호) 건물이다.

용두산공원에 올라 멀리 복병산 쪽을 바라보면 선박 뱃머리 형태의 부산지방기상청 건물이 먼 바다로 출항할 태세로 서 있다. 복병산 정상은 근대적 기상 관측 장소로 안성맞춤이었다. 야트막한 산임에도 부산항 일대가 파노라마처럼 펼쳐 보이거니와 관측 시설을 설치할 개활지도 있었다. 부산은 항구이므로 선박의 뱃머리 모양을 본 따 건물 외형을 설계했다는데, 층층이 쌓인 구조가 마치 선박의 사령실을 연상시키기도 한다. 이 건물은 외형과 내부가 온전히 보전되어 있어 건축사적으로도 가치가 매우 높다. 외부를 장식한 노란 타일이 인상적이며 층별 상부의 가로줄이 강조된 근대건축물이다.

복병산 정상에 있는
부산지방기상청 건물

다시,
〈돌아와요 부산항에〉

부산의 노래방에 가면 조용필의 〈돌아와요 부산항에〉를 불러보자. '꽃 피는 동백섬에 봄이 왔건만 형제 떠난 부산항에 갈매기만 슬피우네.' 첫 소절만 불러도 왠지 모르게 가슴이 뭉클해진다. 이 노래는 조용필을 무명에서 일약 톱 가수의 반열에 올려놓았다. 이후로도 조용필은 숱한 히트곡을 발표해 레전드급 가왕이 되었다. 하지만 항구가 없는 부산을 생각할 수 없듯 〈돌아와요 부산항에〉가 없는 조용필을 생각하기도 어렵다.

한데 이 곡을 대하는 조용필의 심정은 복잡할 것 같다. 실은 이 노래가 통영 출신의 가수 고(故) 김성술이 부른 〈돌아와요 충무항에〉(황선우 작곡)를 재취입한 곡이기 때문이다. 김성술은 곡을 발표한 이듬해인 1970년, 안타깝게도 대연각호텔 화재사건으로 숨지고 말았다. 김성술의 〈돌아와요 충무항에〉는 옛 연인을 회상하는 노래였지만 큰 인기를 끌지 못한 반면, 개

작과 편곡을 거친 〈돌아와요 부산항에〉를 조용필이 부르자 대중이 열광했다. 도대체 두 노래에 어떤 차이가 있는 것일까?

〈돌아와요 부산항에〉를 부른 가수는 비단 조용필만이 아니었다. 당시는 작곡가가 여러 음반사에 저작권을 양도할 수 있었기 때문에 이미자, 나훈아, 조미미 등 많은 가수가 이 노래를 취입했다. 그러나 실력이 쟁쟁한 가수들도 조용필의 벽을 넘지 못하고 〈돌아와요 부산항에〉는 오직 조용필의 가요로 남게 되었다. 그 이유는 조용필 특유의 창법이 주는 매력과 함께 새로운 장르를 개척한 도전정신에 있을 것이다. 조용필은 당시 주류를 이루던 정통 트로트 형식을 따르지 않고 록 리듬을 결합한 〈돌아와요 부산항에〉로 바꿔 불렀다. 우리 대중가요사에서 조용필은 여러 장르를 구사하고 결합시킨 가수로 평가받는다. 활동 전성기가 한참 지났지만 여전히 사그라지지 않는 인기 비결이기도 하다.

더 중요한 점은 그의 노래가 시대정신을 담아냈다는 사실이다. 1970년대는 한반도를 둘러싼 냉전의 정세가 급격히 변동하는 시기였다. 한일협약이 체결됨으로써 부산과 일본 시모노세키를 오가는 부관페리호가 다시 출항했고, 7.4남북공동성명으로 남북 간에도 화해 분위기가 조성되었다. 그러자 민단과 조총련을 아우른 재일동포들이 부산항에 몰려왔다. 조용필은 이런 평화 무드에 발맞춰 노랫말을 바꾸었다. '님 떠난'을 '형제 떠난'으로, '보고픈 내 님아'를 '그리운 내 형제여'로 바꾼 것이다. 조용필은 가사 속의 형제가 재일동포를 가리킨다고 말했다. 〈돌아와요 충무항에〉가 떠난 연인을 그리워하는 개인적인 애가(哀歌)였던 반면, 〈돌아와요 부산항에〉는 동포애를 강조한 시대의 노래로서 크게 유행했다.

조용필이 그랬던 것처럼 1970년대의 부산항도 부단히 성장했다. 수출 주도와 경제 발전이라는 시대 과제에 맞춰 역동적으로 움직였다. 급증하는 수출 물동량을 처리하기 위해 컨테이너 전용 부두(제5부두)를 건설하고 인력과 수작업에만 의존했던 하역 시스템에서 탈피해 자동화 · 대형화된 근대식 항구로 변모했다. 이로써 부산항은 명실상부한 우리나라의 관문이자 대표적인 수출항구로서 우뚝 섰다.

부산항의 풍경. 사진 아래쪽은 남항이고 멀리 보이는 곳이 북항이다.

그 후로 40여 년이 흐른 오늘의 부산항은 새로운 전기(轉機)를 맞이하고 있다. 항만과 물류의 중심 기능은 신항으로 넘어갔고 북항은 한창 재개발 중이다. 컨테이너가 산더미처럼 쌓였던 북항은 황량한 개활지로 변했다. 이 빈자리를 무엇으로 채울 것인가? 분명한 점은 앞으로의 부산항은 컨테이너 물류에 의존하는 산업형 항구가 아니라는 사실이다. 그렇다면 미래의 부산항에 담아내야 할 시대정신은 무엇일까? 그 해답을 40년 전의 국민가요 〈돌아와요 부산항에〉에서 찾을 수 있을지 모른다.

고무신으로 추억하는 부산의 신발 산업

중년 세대들은 검정고무신에 대한 추억을 하나쯤 간직하고 있다. 그들에게 검정고무신은 신발 이상의 신발이었다. 도랑을 막아 고기를 잡을 때 고무신으로 물을 펐고, 쉬는 시간에는 운동장에서 고무신 멀리 던지기 놀이를 했다. 고무신이 닳으면 엿장수 아저씨에게 뛰어가서 엿과 바꿔 먹었다. 모두 똑같은 검정색이었으니 새 신을 사면 이름부터 적어놔야 했다. 학교 운동회에서 달리기를 할 때는 고무신이 거추장스러워 벗어서 들고 뛰었던 기억도 있다.

전후시기 원조경제를 바탕으로 정부가 강력한 수출주도 정책을 펼침에 따라 부산은 호황을 맞았다. 1950년대에는 일명 '삼백 산업'이라 일컫는 밀가루, 설탕, 면직물이 주름잡았고 1960년대에는 목재, 신발, 전자제품, 철강 등도 부산의 이름을 빛나게 했다. 합판 공업의 대명사인 동명목재는 한때 재계 1순위와 수출기업 1위를 차지하기도 했다. 그래도 당시의 부산 하면 떠오르는 히트상품은 신발이다. 삼화고무의 범표, 태화고무의 말표, 동양고무의 기차표, 국제고무의 왕자표 등이 전국 시장을 휘어잡았다. 당시 부산에서 생산된 신발은 부산 수출액의 30퍼센트를 차지하는 효도상품이기도 했다.

산업화 시기에 고무신은 거의 부산에서 생산되어 전국으로 보급되었다 해도 과언이 아니다. 고무신의 고향이었던 부산은 이후에도 신발 산업의 중심지로 자리 잡았다. 그런데 실은 일제강점기부터 부산에는 고무 원료를 생산하는 공장이 많았다. 그 때문에 한국전쟁 이후에 신발 관련 기업들이 속속 부산으로 몰렸고 피란민들의 대거 유입으로 신발 수요도 덩달아 늘어났다. 고무 원료는 전적으로 수입에 의존하는 탓에 항구도시 부산은 고무 산업이 성장하기에 좋은 환경이었다.

부산진구의 서면 일대는 특히 한국전쟁 후 신발 공장의 메카로서, 우리나라에서 가장 유명한 신발 브랜드들이 이곳에서 대거 탄생했다. 당시 대표적인 신발 회사 8개 가운데 국제, 삼화, 태화, 진양, 보생, 동양 등 6개 회사가 부산에 있었다. 이 회사들은 고무신을 생산해 굴지의 기업으로 성장했는데, 안타깝게도 1980년대 들어 부산의 신발 산업은 급격히 추락해 사양산업이 되었다.

부산진구의 진양사거리를 지나다 보면 커다란 금색 신발 동상이 보인다. 2015년에 설치된 이 동상은 여러 가지 의미를 함축하고 있다. 이 일대에 '진양고무'라는 신발회사가 있었다는 점과 부산진구가 과거에 신발 산업의 요람이었다는 점, 그리고 부산의 신발 산업이 미래를 향해 다시 기지개를 켜고 있음을 두루 의미한다. 그러나 실은 지금은 신발 산업의 중심축이 강서구 송정동으로 이동했다. 신발 회사들이 송정동 산업단지에 집중되어 있거니와 이곳에 신발산업진흥센터까지 설립되어 우리나라 신발 산업의 경쟁력 강화를 모색하고 있다.

옛 고무신으로 추억된다고 해서 신발 산업이 과거 산업인 것은 아니다. 신체의 무게를 감당하는 중요한 발, 이를 감싸는 신발이야말로 최신 과학과 의학 기술을 바탕으로 꾸준히 혁신되어야 할 제품이다. 부산이 신발 산업을 여전히 전망과 가치가 있는 미래 산업으로 보는 이유이다.

5

피란수도
부산 1번지를
찾아가다

임시수도정부청사와 임시수도기념관

1950년 8월 18일, 부산은 임시수도로 지정되었다. 한국전쟁이 발발하자 이승만 정부는 황급히 피란을 결정했고 국토 남쪽 끝의 안전한 부산을 임시수도로 결정했다. 1023일 동안 부산은 대한민국 정부가 위치한 피란수도로서 엄청난 일을 담당해야 했다.

이승만 대통령을 따라 남하한 정부 부처가 입주한 곳은 현재 서구 부민동에 있는 동아대 석당박물관이었다. 동아대 부민캠퍼스 앞을 지날 때 멀리서도 금방 눈에 띄는 오래된 벽돌 건물이다. 1925년 경상남도 도청으로 지어져 한국전쟁 때는 임시수도 정부청사로 사용되었다. 1953년 8월 15일 서울로 환도하기 전까지 임시수도의 행정 1번지였으니 유서가 깊은 건물이다. 정부가 서울로 간 뒤에는 다시 경남도청으로 사용되다가 1983년 경남도청이 창원으로 이전하면서 부산지방검찰청으로 쓰기도 했다.

피란수도를 이끈 쌍두마차라고 한다면 임시수도정부청사와 함께 임시수도기념관을 들 수 있다. 동아대 석당박물관에서 위로 조금 더 올라가면 붉은 벽돌과 기와지붕이 인상적인 임시수도기념관이 있다. 근대 건축물답게 서양과 동양의 공법이 만나 독특한 분위기를 자아낸다. 이곳에 와서 건물을 본 방문객들은 다들 놀라고 취한다. 오래된 건축물이 이렇게나 잘 보존되었다는 사실에 놀라고, 아름다운 전경과 고즈넉한 풍경에 흠뻑 취한다.

1926년 경상남도 도지사가 생활할 관사 용도로 건립되었던 이 건축물도 한국전쟁 때는 이승만 대통령이 관저로 사용했다. 이를 흔히 '부산의 경무대'라 불렀다. 북한군에 밀려 부산까지 피란 온 대통령은 이곳에서 절치부심하며 서울 탄환을 위한 전략을 모색했다. 대통령은 하루 일과를 거의 이곳에서 보냈다. 정부 각료에게 임명장을 수여하거나 외국 사절과 중요한 만남을 가졌으며 정부 정책을 심의하고 결정하기도 했다. 최악의 발췌개헌을 비롯해 이승만 독재 체제를 구축하기 위한 갖은 전략도 이곳에서 논의되었을 터이다.

전쟁 통에 피란수도를 조성해 국난을 헤쳐나간 사례는 세계사적으로도 한국전쟁 시절의 부산이 유일하다고 한다. 그 생생한 역사의 현장이 임시수도정부청사와 임시수도기념관이다. 우리는 또한 피란수도 부산이 고향을 잃고 떠도는 수십만 피란민을 포용하고 새 삶터를 제공했다는 사실을 기억해야 한다.

하지만 임시수도가 해제되고 60년이 넘는 세월이 흘렀건만 아직도 피란민들은 북에 두고 온 가족을 만나지 못하고 있다. 민족 분단의 경계선은 더욱 강고해졌다. 피란민들이 연로한 탓에 자꾸 만날 수 없는 길을 떠나고 있으니 더욱 안타까운 마음이 든다. 60년 넘게 생이별한 가족을 만나지 못하고 있는 피란민들을 위해 우리는 무엇을 할 수 있을까?

부산 전차는
다시 달릴 수 있을까?

동아대학교 부민캠퍼스 후문 쪽에 전차 한 대가 서있다. 지금은 멈춰 있지만 1968년까지 부산을 씽씽 달리던 노면 전차이다. 동아대 설립자인 고(故) 정재환 박사는 안목이 깊었다. 석당박물관에 전시된 빛나는 고미술품들은 물론이고 꿔다놓은 보릿자루 신세였던 근대 교통수단까지 수집했다. 전차를 퇴물로 여기던 시대에 끈질기게 남선전기주식회사(현 한국전력공사)에 요청해 전차 1량을 기증받았다. 이것은 곧 부산에 남아있는 유일한 전차로 부상했고, 2012년 그 역사적 가치를 인정받아 등록문화재 제494호로 지정되었다.

부산에 근대 전차가 달리기 시작한 때는 1915년이다. 이는 엄청난 사건이었기에 동래온천장역 앞에서 성대한 개통식을 개최하고 화려한 이벤트가 펼쳐졌다. 기껏 우마차를 빠르고 편리한 교통수단으로 알았던 부산 사람들에게 혼자 힘으로 달리는 전차는 무시무시한 괴물로 비춰졌다. '전깃불 잡아먹고 달리는 괴물'이라 불렸던 전차는 이따금 사람을 죽이는 참혹한 교통사고를 냈지만 부산 시내를 빠르게 이동하는 최고의 교통수단으로 자리 잡았다. 시대와 장소에 따라 속도는 상대적이다. 현대인은 전차의 최대속도(시속 40km)를 거북이걸음으로 여기겠지만 당시 사람들에게는 멀미를 일으키는 빠르기였다.

한국전쟁 시절에 부산 전차는 낡고 병들어 더 이상 움직일 수 없게 되었다. 그리하여 1952년경 미국으로부터 원조 물자로 전차 40량을 지원받아 서울과 부산에서 운행했다. 동아대학교 앞의 부산 전차도 그때 받은 것 중 하나이다. 하지만 1950년대는 이미 버스들이 부산 시내를 활보하고 자가용도 증가하던 시절이라 전차를 보는 시선이 곱지 않았다. 전차는 곧 '곰보딱지'라 불리는 울퉁불퉁한 도로를 만드는 주범이자 자동차의 교통 흐름을 방해하는 애물단지로 전락했고, 부산시는 전차 궤도를 뜯어달라고 남선전기주식회사 측에 계속 요청했다. 결국 1968년 전차가 폐지되어 부산 도로에서 완전히 사라졌다.

그로부터 50여 년의 세월이 흘러 부산 전차를 복원하자는 목소리가 커지고 있으니 어찌 된 영문인가? 이제는 생태주의 시대이다. 매연가스를 푹푹 내뿜는 자동차에 비해 전기의 힘으로 주행하는 전차의 친환경성이 대접 받는다. 세계적으로도 400여 개 도시에서 노면전차가 달리고 있다. 새로운 교통수단의 등판을 요구하는 주장이 커져가는 요즘, 부산 전차는 이모저모로 주목을 받고 있다.

'피란문학'을 낳은 밀다원 다방

한국전쟁이 발발하고 두 달여 만에 부산은 피란수도가 되었다. 행정 · 입법 · 사법부를 비롯한 국가기관 외에도 학교, 기업, 단체 등이 부산으로 내려왔다. 아울러 수십만 명의 피란민까지 밀려와 부산은 그야말로 도떼기시장과 같았다. 폭발적인 인구 증가와 함께 부산에서는 독특한 '피란 문화'가 형성되었으니 그중 하나가 다방의 번창이다. 당시 호사가들은 피란수도에 매일 늘어나는 것이 두 가지 있는데 하나는 판잣집이요, 또 하나는 다방이라고 했다. 그런데 피란수도 부산에서 다방이 증가한 이유는 무엇일까?

중공군 참전으로 전세가 역전되자 더 거대한 피란 물결이 부산에 몰아쳤다. 이때 소설가 김동리도 피란민들 틈에 끼어 부산에 왔다. 대표적인 우파 문인으로 분류되는 김동리는 북한군의 표적이었다. 전쟁 직후 따발총으로 무장한 북한군들이 김동리를 즉결처분하겠다며 매일 그의 집을 찾아갔다. 위험한 서울로부터의 피신은 성공했지만 낯선 땅 부산에서 그의 일상은 절망과 고독으로 점철되었다. 장님이 외나무다리 건너듯 불안한 하루를 보내던 그에게 유일한 낙이 생겼다. 바로 동료 문인들이 꿀벌처럼 잉잉거리고 있는 밀다원(蜜茶苑) 다방에 가는 일이었다. 밀다원은 부산 광복동에 위치한 건물 2층* 에 있었는데 늘 문인들로 북적거렸다. 그 아래층에 문인과 예술인들의 전국 모임인 문총(전국문화단체총연합회) 사무실이 있었기 때문이다.

김동리는 피란 시절 밀다원에서 만난 문인들이 마치 친근한 가족과 같았다고 회고했다. 그 시절에 다방은 갈 곳 없는 문인들이 가족처럼 모여 서로를 다독이던 사랑방이었다. 그뿐이겠는가. 작가들이 시와 소설을 쓰는 창작 공방이자 예술가들이 작품을 전시하는 임시미술관 역할을 했다. 피란을 온 직장인들에게도 다방은 다목적 공간으로 활용되었다. 갈 곳 없는 그들에게 다방은 업무를 처리하는 사무실이자 손님을 만나는 객실로서 숨을 틔워주는 안식처였다. 당시 한 신문은 '부산 거리 어느 골목에도 다방 없는 골목이 없다.'고 보도하면서 거리에서 지인을 만나면 으레 하는 인사가 "요새 어느 다방에 나가시오?"라는 말이었다고 소개했다. 부산의 다방은 우후죽순으로 늘어 전쟁 전에 47개소에 불과하던 것이 피란수도가 끝날 즈음

* 밀다원 다방 건물은 중구 광복로 68번지에 있었다. 현재 광복동 패션거리의 이니스프리 남포 2호점 자리로 추정된다.

에는 123개소에 달했다.

환도 이후 김동리는 피란수도의 경험과 밀다원 스토리를 바탕으로 한 소설《밀다원 시대》(1955)를 발표했다. 이 소설에는 혈혈단신으로 낡은 손가방 하나 달랑 들고 부산에 내려온 소설가 이중구가 주인공으로 등장한다. 피란 시절 김동리의 절박한 심정이 소설 속 등장인물들에 투영되는데, 그들이 모이는 보금자리가 다름 아닌 밀다원 다방이었다. 실은 이런 글을 쓴 작가가 김동리만이 아니다. 부산에 피란을 온 다른 문인들도 피란수도 부산에서의 경험을 소재로 작품을 썼다. 예컨대 황순원은《곡예사》(1952)를, 이호철은《탈향》(1956)과《소시민》(1965)을 발표했다. 이 작품들에는 피란 시절 문인들이 겪었던 절절한 실화들이 잘 담겨 있으니 '피란문학'이라는 하나의 사조로 묶을 만하다. 그렇다면 어려운 시절에 피란과 문학을 연결해 준 밀다원은 찻집 이상의 공간이 아니었는가! 부산의 다방 문화가 만들어낸 밀다원 시대는 민족사적으로 절망의 시대였음에도 불구하고 문인들에게는 새로운 피란문학을 낳게 한 산고의 시절이었음이 자명하다.

부산의 속살, 산동네와 산복도로

부산은 천지가 산동네이다. 낮에는 산동네가 잘 보이지 않지만 밤에는 산동네에서 별처럼 반짝거리는 무수한 불빛들을 확인할 수 있다. 마치 산동네가 밤하늘과 같아진다. 이렇게 부산의 야경은 산동네 불빛이 차지하고 있다고 해도 무방하다. 그리하여 인문 여행객이 부산의 속살까지 알고 싶다면 산동네에 가봐야 한다. 힘겨운 계단을 타고 산동네에 올라갔을 때 부산 사람들의 심정을 이해할 수 있다.

산동네에 가면 독특한 경관을 볼 수 있다. 경사면에 차곡차곡 쌓인 집들부터 산을 깎아 만든 높고 가파른 계단, 서로 비켜주기도 힘들 정도로 좁은 골목, 집 위에 인 파란색 물탱크, 그리고 옥상을 이용한 주차장까지. 이 모든 것이 부산의 속살이다.

산이 많고 평지가 좁은 부산에서 산동네의 탄생은 불가피한 일이었는지 모른다. 그러나 해방과 한국전쟁으로 인해 감당하기조차 힘들었던 인구 유입이 없었다면 사람들이 자꾸 산으로, 산으로 판잣집을 지어 올리는 일은 없었을 것이다. 경제개발 시기에는 원도심권의 산동네 판잣집들이 보기 싫다고 해서 사람들을 바깥으로 내쫓았다. 하지만 가난한 산동네에서 쫓겨난 사람들이 갈 데가 어디 있겠는가? 그들이 다시 변두리 산으로 올라갔으니 가난이 대물림되고 외려 산동네가 늘어나는 풍선효과만 입증되었다. 이제 '도시 재생'의 시대를 맞아 산동네를 살리고자 하는 정책들이 쏟아지고 있으니 상전벽해라 아니할 수 없다.

아미동 비석문화마을

부산 서구 아미동은 '비석마을'로 알려져 있다. 아미동에는 일본 귀신이 출현한다는 도시 민담이 전래된다. 왜 하필 일본 귀신인지 다들 궁금해 한다. 그런데 아미동에 가보면 의문이 쉽게 풀린다. 산비탈에 자리 잡은 주거지 곳곳에 일본인 비석들이 흩어져 있다. 그렇다. 예전에 아미동은 일본인들의 공동묘지였다. 그것이 아미동에 일본 귀신이 나타난다는 인문학적 배경이다.

실은 비석의 역사는 아미동 역사의 일부에 지나지 않는다. 구한말까지 아미동은 '아미골'이라 불렸고 일제강점기에는 '다니마치(谷町)'로 일컬었다. 아미동 사람들은 가난했지만 일본 순사의 칼을 빼앗아 내팽개칠 정도로 저항적이었다. 길에서 순사들에게 다니마치에 산다고 하면 무조건 빰을 맞았다고 한다. 당시만 해도 마을은 까치고갯길 아래쪽까지 조성되고 일본인 묘지가 있는 산비탈에는 인적이 드물었다. 하지만 1950년대에 많은 피란민이 부산으로 몰려와 정착하는 과정에서 일본인 묘역까지도 집터로 개간되었다. 전쟁터와 같았던 시절에는 죽음 위에서 삶을 꾸려야 했고 무작정 슬픔을 딛고 일어서야 했다. 지금도 집을 철거하다 보면 묘역이 그대로 출토되어 과거의 아팠던 흔적을 볼 수 있다. 그래도 아미동 사람들의 마음만은 따뜻했다. 비석마을에서는 제사상을 차릴 때 밥 한 그릇을 더 올

아미동 마을 축대에 박혀 있는
일본인 비석

리는 관습이 있다. 묘지 위에 집을 지어 고인에게 죄송한 마음이 들었기 때문이다.

그렇다고 아미동 마을 분위기가 어둡다고 생각하면 오산이다. 부산을 대표하는 민속음악인 부산농악(부산시 무형문화재 제6호)이 탄생한 곳도 아미동이요, 국민 애창곡 〈눈물 젖은 두만강〉을 부른 김정구와 〈안개〉 등을 히트시킨 정훈희가 살았던 곳도 아미동이다. 세계챔피언에 등극한 프로복서 장정구도 아미동에서 자랐다. 절망 속에서 희망을 꿈꾸고 강인한 생명력을 보여준 곳이 바로 아미동이었다.

감천문화마을

아미동 비석마을에서 감천고개를 넘으면 바로 사하구 감천동의 감천문화마을로 이어진다. 감천문화마을은 아름다운 자연경관과 놀라운 인문경관이 함께 펼쳐져 있다. 옥녀봉과 천마산의 수려한 산세와 푸른 감천 항구를 보는 것도 놀랍지만 급경사 지역에 층층이 쌓인 주택 군락은 경탄스러울 정도이다. 감천문화마을의 이런 환경은 누가, 어떻게 만들었을까?

이 마을은 애초에 태극도 마을로 조성되었다. 태극도는 일제강점기에 조철제가 세운 신종교이다. 보수동에 살던 태극도인들이 1955년에 집단이주를 한 마을이니 초기에는 신앙촌 성격이 강했다. 태극도인들이 뜻을 모아 마을을 조성했으므로 처음부터 집들을 무분별하게 짓지 않고 9감으로 구역을 일정하게 나누어 배치했다. 그래서 감천동 산동네는 집이 많아도 무질서해 보이지 않고 통일감이 있으며, 앞집이 뒷집을 가리지 않으면서 탁 트인 전망을 서로 나누고 있다. 산업화 시기 이후로는 외부에서 이주해 온 일반인도 많아서 종교인 마을로의 성향은 약해졌다.

2000년대 들어 언론에 자주 알려지고 입소문을 타면서 감천문화마을은 어느덧 부산을 대표하는 산동네가 되었다. 여행객들이 끊이지 않고 방문하며 외국에서 찾아오는 관광객도 많다. 과연 가난하고 힘들었던 산동네는 관광지로 거듭날 수 있을까? 인문 여행의 관점에서 보면 원주민의 삶이 외부인의 여행보다 더 중요하다. 얼마 전까지만 해도 이곳 주민들은 자신이 산동네에 산다는 사실을 떠들썩하게 알리고 싶어 하지 않았다. 이모저모로 감천문화마을은 매우 중요한 시험대에 서있다.

산동네를 굽이굽이 연결시킨 산복도로

산복도로는 산 중턱을 잇는 길이다. 비뚤비뚤한 길을 어지럽게 돌아야 하고 경사진 산비탈을 오르다 보니 사람이 걷는 것은 물론이요, 버스와 자가용을 타고 가기도 버겁다. 하지만 산복도로에 가보면 부산이 걸어온 세상이 환히 보인다. 산비탈의 주택 밀집 지역을 보는 것도 그렇지만 그 위에서 부산 바다의 항구 시설을 내려다보면 '아, 부산이 이렇게 살아왔구나.'라고 느껴진다.

한국전쟁이 끝나서도 돌아갈 고향이 없는 피란민들은 산동네 판자촌에 그대로 정착했다. 그리하여 가난한 산동네는 난개발되고 과부하가 걸렸다. 항구에서 등짐을 지며 사는 부두 노동자들이 가까운 산동네로 이사를 왔고, 고향을 떠나 공장에 취업하고자 하는 이농민들도 산동네로 몰렸다. 낮에 힘들게 일하고 밤에는 산 정상까지 걸어 다녀야 했으니 산동네 주민들은 참 고통스러웠을 것이다.

1960년대 산복도로 부설 장면

1964년 동구 초량동에 처음으로 산복도로가 개설된 뒤로 부산의 산동네를 잇는 산복도로가 점차 줄을 이어 개통되었다. 현재 부산진구, 동구, 중구, 서구, 사하구, 사상구, 영도구 등 대부분 지역에서 산복도로를 볼 수 있다. 부산의 산복도로는 전체 길이가 2만 2200여 미터이며 부산 사람의 3분의 1 정도가 산복도로 주변에 살고 있다고 한다. 망양로, 진남로, 엄광로, 천마산길이 대표적인 산복도로인데 그중에서 가장 잘 알려진 것은 망양로이다. 망양로는 서구, 중구, 동구, 부산진구를 잇는 도로로서 아름다운 부산항이 내려다보인다. 망양로를 따라 두 발로 걸으면서 부산항이 있는 바다 풍경을 감상하는 것도 보람찬 인문 여행이 될 것이다.

국제시장과 화재비석

2014년 겨울에 개봉된 영화 〈국제시장〉은 전국적으로 국제시장에 대한 관심을 불러일으켰다. 부산 여행에서도 그 여파가 컸다. 여행객들은 국제시장에 와서 영화의 주 무대였던 꽃분이네 상점을 방문한다.

영화 〈국제시장〉은 흥남철수 때 주인공 덕수(황정민 분)가 아버지와 헤어져 부산에 왔던 사실을 배경으로 한다. 그래서인지 영화를 관람한 사람들은 국제시장이 한국전쟁 시절에 형성되었다고 생각한다. 하지만 국제시장이 생긴 때는 해방 전후 시기였다. 일제는 미군 폭격에 대비해 이 일대의 시설물을 옮기는 소개(疏開) 작업을 실시했다. 도심에 생긴 넓은 공터는 무엇보다 시장이 형성되기에 좋은 조건이었다. 부산항으로 들어온 귀환동포들이 이곳에서 상거래를 시작했고, 일제가 남기고 간 물품들을 팔면서 시장으로의 면모를 갖추어갔다. 1948년에는 '자유시장'으로 불렸다가 이듬해 '국제시장'으로 이름을 고쳤고, 속칭 '도떼기시장'으로 회자되었다.

국제시장은 한국전쟁 시절에 급격히 성장했다. 피란민들이 몰려오고 부산 인구가 급증하면서 시장에 대한 수요가 더불어 늘어났다. 부산의 중심에서 시민들에게 생활필수품을 공급하는 시장으로 여기만한 곳이 없었다. 전쟁 중에도 시장을 찾아온 인파로 발 디딜 틈이 없는 국제시장이 외국인들 눈에 기이하게 보였는지, 프랑스 신문에 소개되기도 했다.

국제시장은 기본적으로 부산 사람들이 물건을 내다팔고 장사를 하는 공간이었지만 여기서 거래되는 물품 중에는 떳떳하지 않는 것도 많았다. 미군부대에서 몰래 빼내온 상품과 밀수품이 상당수를 차지했다. 하지만 이는 당시에 국제시장을 지탱하는 버팀목과도 같았다. 전쟁 통에 공식적인 유통 체계를 갖추기는 애당초 불가능했는지 모른다. 여하튼 국제시장은 부산 사람과 피란민들이 함께 일해서 먹고사는 삶의 현장이자 생필품을 주로 파는 상업의 대동맥이었다.

영화 〈국제시장〉의 흥행에 힘입어 '꽃분이네'는 사라지지 않고 영업을 계속 하고 있다. 그런데 특별히 꽃분이네 상점을 찾아온 여행객들이 바로 근처에 있는 '상가재건준공비'는 보지 못하고 그냥 돌아가곤 한다. 1953년에 세워진 이 비석은 상가 2층으로 올라가는 계단 옆에 놓여 잘 보이지 않지만, 사실상 국제시장에서 유일하게 남아있는 문화유산이다.

1950년대에 부산은 '났다 하면 불'이라는 말이 돌 정도였고 불의 도시라는 오명을 뒤집어썼다. 국제시장에서도 수없이 많은 화재가 일어났다. 시장에 불을 피우는 시설도 부족했거니와 불에 취약한 판잣집들이 다닥다닥 붙어있고 화재를 초기에 진압하는 소방 체계도 갖추지 못했기 때문이다. 그중 1953년 1월 30일에 일어난 대화재는 시장을 완전히 태워 초토화시켰다. 이 화재 후 복구공사를 마치고 기념으로 세운 비석이 바로 상가재건준공비이다. 시장 조합원들의 눈물 겨운 땀과 열정으로 재건된 국제시장의 역사를 말해주는 증거물인 셈이다.

국제시장에 남아있는
유일한 문화유산인 화재비석

부평시장=깡통시장

'깡통시장'은 부평시장의 다른 이름이다. 시장으로 들어가는 파사드에는 '부평 깡통 야시장'이라는 큰 간판이 걸려 있다. 지금은 중구로를 기준으로 동쪽을 도떼기시장(국제시장), 서쪽을 깡통시장(부평시장)으로 구분하고 있지만 과거에는 깡통시장이 곧 부평시장을 일컫는 말은 아니었다. 국제시장, 부평시장 할 것 없이 외제 깡통 제품을 파는 일대를 모두 깡통시장이라 불렀다. 여하튼 부평 깡통시장의 역사는 1910년 일본인들에게 생필품을 조달하기 위해 설치된 일한시장에서 출발한다. 일한시장은 1915년 오일장이 아닌 매일 문을 여는 상설시장으로 바뀌었다. 부산부가 일한시장을 인수해 부평시장으로 바꾸면서 최초의 공설시장으로 만든 것이다.

깡통 식품들은 해방 이후 미군의 진주와 함께 본격적으로 등장했다. 깡통은 식품의 근대화와 서구의 음식 문화를 상징하는 용기였다. 한국전쟁이 발발하자 귀한 깡통 제품들이 무더기로 부산 시장에 흘러들어왔다. 정상적인 유통 루트를 거친 것은 아니었다. 미군부대에서 몰래 반출했거나 외국에서 밀수입한 제품들이었다.

음식의 저장성을 높이기 위한 포장 용기로 깡통이 등장하자 삽시간에 유행했다. 식품을 멸균해 진공시킨 깡통 제품은 음식이 잘 부패하지 않거니와 계절 제한 없이 유통시킬 수 있었다. 음식보다 용기 자체가 더 사랑을 받기도 했다. 사람들은 음식을 먹고 난 빈 깡통으로 재떨이, 등잔, 전구 꼭지, 병마개 등의 재활용품을 만들었다. 이른바 '깡통공업'이 발전한 것이다.

깡통에는 다중적 의미가 담겨 있다. 무엇보다 서구 문화를 누릴 수 있는 부와 여유, 혹은 외제품에 대한 선호와 욕망을 상징했다. 1960년대만 해도 깡통 제품은 양주, 밍크 목도리와 같은 값비싼 특정 외래품으로 분류되어 판매가 제한되었는데, 그럼에도 시장에는 숱한 깡통들이 몰려들고 소비되었다. 물론 가난한 서민들에게 깡통은 그림의 떡이었다. 특히 미군 PX에서 흘러나온 깡통맥주는 인기 상품임에도 가난한 주당들은 맛보기 힘든 술이었다. 그리하여 서민들에게 돌아온 것은 빈 깡통뿐이었다. 이런 허무감을 담아 '깡통'이라는 용어는 정당한 대접을 받지 못하게 되었다. '빈 깡통이 요란하다' '깡통을 차다' '깡통계좌' 등 주로 빈털터리를 뜻하거나 남을 비하하는 용어로 사용되었다.

하지만 빈 깡통을 욕할 일이 아니다. 전쟁이 발발하고 물자가 부족해지자 피란민들에게 깡통의 효용성은 더욱 높아졌다. 빈 깡통으로 각종 살림도구를 만들었으며, 깡통을 펴서 지붕을 이었다. 배고픈 각설이들도 전통적인 바가지를 버리고 근대적인 깡통을 들고 다녔다. 빈 깡통이 없었다면 자원 부족의 시대를 어찌 견뎌냈겠는가.

요새 깡통시장에 가면 막상 외제품을 파는 상점에서도 깡통 제품은 별로 찾아볼 수 없다. 현대 소비의 흐름에 따라 외국산 과자들이 다수를 차지하고 있을 뿐이다. 깡통이 사라졌어도 깡통의 의미는 중요하다. 안도현 시인의 표현을 빌어서 말하자면 '깡통 함부로 차지 마라. 너는 누구에게 한 번이라도 쓸모 있는 사람이었냐.'라고 되물어야 할 깡통이 아니겠는가!

최후의 헌책방, 보수동 책방 거리

예전에 사람들은 헌책을 많이 사봤다. 인쇄물이 귀한 시절이기도 했거니와 헌책에 대한 애틋함이 있었다. 헌책을 사서 넘기다 보면 옛 주인이 책 귀퉁이에 써놓은 메모를 발견할 때도 있었다. 대도시에서는 헌책을 전문으로 다루는 책방 골목이 형성되어 수요와 공급을 감당했다. 그런데 요즘은 헌책도 인터넷 상점에서 거래되고 헌책방이 모인 골목을 찾아보기가 어렵다. 그런 점에서 부산 보수동에 남아있는 책방 거리를 '최후의 헌책방 골목'이라 부를 만하다. 보수동 책방 거리에 가면 좁은 골목 사이로 헌책방이 밀집해 있고 지붕 낮은 책방 안에 헌책들이 산더미처럼 쌓여 있다. 7,80년대 헌책방 경관이 그대로 보존되어 있다는 점에서 옛 추억을 새록새록 떠올리게 되는 장소이다.

보수동의 이름은 보수천(寶水川)에서 흘러왔다. 구덕산에서 내려와 충무동 앞바다로 흘러가는 보수천은 원래 '법수천(法水

川)'이라 불렀다. 한국전쟁 시절에는 이 천변에 사람들이 몰려와 수상가옥을 짓고 살았다. 무엇보다 물이 귀한 시기였으므로 천변 생활이 유리했을 것이다.

보수동 책방 골목은 대청로를 사이에 두고 국제시장, 부평시장과 마주하고 있다. 해방 후 일본인들이 남기고 간 서적을 이곳에서 유통하기 시작했고, 한국전쟁 시절에는 더 많은 책들이 흘러들어왔다. 특히 보수동 인근에 학교가 많고 서울에서 내려온 학교들까지 임시 운영되었으므로 책을 찾는 수요가 많았다. 전쟁 때도 우리나라 사람들의 교육열은 식지 않아 헌책 수요를 더욱 높이는 계기가 되었다.

인기 절정의 7,80년대를 지나면서 보수동 책방 골목은 쇠퇴기를 맞았다. 하지만 어려움 속에서도 꿋꿋이 제 자리를 지켜온 상인들 덕분에 지금도 이 골목에는 40여 개의 책방이 운영되고 있다. 최후의 헌책방 골목으로 알려지면서 요즘은 문화운동 차원에서 이곳에 입주하려는 상인들이 늘고 있으며 오래된 책 문화를 느끼기 위해 일부러 찾아오는 여행객도 증가하고 있다.

변화하는 자갈치시장

자갈치는 자갈이 많이 깔린 해변에서 유래된 말이다. 수만 년 동안 구덕산에서 보수천을 타고 흘러 내려온 돌들이 파도와 부딪쳐 작은 몽돌이 되었다. 그 수가 점차 늘어나 돌밭 해변을 뜻하는 '자갈치'가 된 것이다. 개항 이후 일본인들은 영도대교 입구 쪽에 부산수산회사를 설립하고 부산 어시장을 개설했다. 당시 '남빈(南濱)'으로 불렸던 자갈치 해안에서는 범선을 정박하고 말린 해조류를 내리는 풍경을 볼 수 있었다. 일본인들은 이 몽돌 해안에 남빈해수욕장을 개장해 해수욕을 즐기기도 했다.

1929년부터 지금의 자갈치시장 일대에서 대규모 매축공사가 진행되었다. 10여 년간 8만 평에 가까운 해안을 매축해 지금의 건어물상가에서부터 남부민 방파제에 이르는 거대한 땅이 생겨났다. 해방 직후에는 이곳에 미곡 창고가 들어섰는데, 하동에서 쌀을 싣고 온다고 해서 '하동뱃머리'라고도 불렀다.

영도와 다대포 바다에서 잡아온 생선을 싱싱하게 팔기 위해서도 해안을 접한 자갈치의 입지조건은 매우 유리했다. 자연히 생선 장사를 하려는 부산 아지매들이 이곳으로 몰리기 시작했다.

한국전쟁이 발발하자 자갈치시장도 피란민들로 북적거렸다. 자갈치에는 곡물을 거래하는 미곡시장, 미군부대에서 몰래 흘러나온 물품을 파는 소위 양키시장, 어패류를 취급하는 수산물시장 등이 있었는데 이 중 수산물시장은 거의 여성 차지였다. 비린내 나는 생선을 다듬어 파는 아지매들은 대부분 전쟁 후 집안 생계를 홀로 책임진 강인한 여성들이었다.

자갈치시장은 1960년대 부산의 경제적 호황과 때를 맞춰 번성한다. 점포와 노점을 합쳐 이곳에서 어패류로 장사하는 상인의 수가 1400여 명에 달했다. 시장은 하루 평균 1만여 명의 손님이 찾아와 북새통을 이루었고, 월간 판매고가 무려 3억 원까지 올라갔다. 거제도와 통영 등 남해 바다에서 잡힌 활어와 선어들도 매일 1천여 상자씩 자갈치시장으로 들어왔다. 자갈치 이름이 알려지자 김해, 양산 등 경남 일대에서 찾아오는 손님이 늘어났고, 멀리 서울에서도 싱싱한 생선회를 맛보기 위해 이곳까지 찾아왔다. 그렇게 자갈치는 우리나라를 대표하는 수산물시장이 되었다. 덩달아 자갈치 아지매들의 주머니도 두둑해졌다. 아지매들이 돈을 담을 데가 없어 소쿠리나 마대에 쑤셔 넣을 만큼 자갈치시장은 싱싱한 활황기를 맞았다.

1970년대에 접어들면서 시장 풍경은 완전히 바뀌었다. 해안가에 즐비했던 판잣집들이 철거되고 부산항만의 매립도 완료되었다. 수천 명의 상인과 손님, 급증하는 수산물 거래를 부두 일대의 좁은 공간에서 더는 소화할 수 없어 정부와 자갈치 상인들이 합의해 3층 건물로 된 현대식 수산물시장을 지었다. 기존의 노점상연합이었던 해물상조합도 부산어패류처리조합으로 새롭게 출범했다. 그 덕분에 버젓한 상설 점포 주인이 된 자갈치 아지매들의 복장은 점차 빨간 장화에 방수용 앞치마로 바뀌어갔다. 그러나 난전의 상인들이 현대식 건물 안으로 입주한 뒤에도 거리는 또 노점 장사를 하는 제2의 자갈치 아지매들로 채워졌다. 자갈치시장은 여전히 먹고살기 위해 고군분투하는 부산 아지매들의 마지막 보금자리인 것이다.

영도다리에서 만나자

영도다리는 중구(남포동)와 영도구(남항동)를 연결하는 다리이다. 다리의 특징으로 보면 상판 일부를 들고 내리는 도개교(跳開橋)이자 육지(부산)와 섬(영도)을 연결한 연륙교(連陸橋)이다. 다리가 건설되면 큰 배는 부산해협을 지나다닐 수 없기 때문에 상판을 들 수 있는 가동교(可動橋) 형태로 만들었다. 일제는 1934년, 근대 과학과 공학 기술을 총동원해 3년의 지난한 공사 끝에 영도다리를 준공했다. 당시에는 부산을 대표하는 큰 다리이므로 부산대교라 불렀다.

이후로 오랫동안 영도다리는 부산을 상징하는 랜드마크였다. 한국전쟁이 발발하자 급하게 헤어지게 된 이산가족들은 "영도다리에서 만나자"라고 소리쳤다. 실제로 피란민들은 헤어진 가족을 만나기 위해 영도다리로 몰려들었다. 부산 구포 출신의 명가수 현인이 1953년에 부른 〈굳세어라 금순아〉에도 영도다리가 등장한다.

자갈치시장의
어물 좌판

급경사 지역에 층층이 집을 쌓은
감천문화마을

© DMstudio House

감천문화마을의 '어린왕자와 여우' 조형물. 젊은이들에게 인기 있는 촬영 포인트다.

© redstrap

부산 자갈치시장의 어물 거리

용두산공원의 종각과 부산타워

© ARTRAN

오륙도 스카이워크. 바닥이 유리로 되어 있다.

© mihyang ahn

영도대교 상공에서 바라본
부산 풍경.

© zzinine

한국전쟁 당시 피란수도였던
부산의 이야기를 만날 수 있는
임시수도 기념관.

© mihyang ahn

'일가친척 없는 몸이 지금은 무엇을 하나/이내 몸은 국제시장 장사치이다/금순아 보고 싶구나 고향 꿈도 그리워진다/영도다리 난간 위에 초생달만 외로이 떴다.'

가족을 찾기 위해 영도다리 밑에 판잣집을 짓고 사는 피란민들이 많아졌다. 이런 다리 밑 판잣집 마을을 교하촌(橋下村)이라 불렀다. 사람들이 몰리자 더불어 점집들도 활황을 맞았다. 영도다리 인근에는 해방 이전부터 좌판을 깔고 점을 봐주는 '거리의 점쟁이'들이 모여 있었다. 전쟁 시절 부산에 온 피란민들은 가족의 운명과 자신의 미래가 몹시 걱정되고 불안한 처지였으니, 이런 우울한 사회적 상황이 영도다리 점집을 더욱 증가시켰다.

영도다리는 도개교라는 특성 때문에 울고 웃었다. 초창기에 육중한 쇠다리의 치솟는 몸짓을 본 사람들은 환호성을 쳤다. 하지만 영도다리의 도개가 축복만은 아니었다. 개통 후 몇 년이 지나자 도개 횟수를 줄이라는 여론이 들끓었다. 영도다리 위로 전차가 부설되고 통행량이 급격히 증가하자 다리를 들 때마다 수천 명의 인파와 수백 대의 차가 대기해야 하는 육상교통의 지체 상황이 벌어진 것이다. 영도다리 입장에서는 억울한 일이 아닐 수 없다. 힘들게 상판을 들어 올렸기에 큰 배가 지나다닐 수 있었고, 그래서 사람들이 보러 오는 명물 다리가 되지 않았던가? 하지만 1966년 끝내 영도다리의 도개 기능은 중단되고 이후로 47년 간 움직이지 못했다.

그리고 지난 2013년, 부산 사람들은 영도다리를 다시 도개교로 복원하면서 뜨겁게 박수를 쳐주었다. 영도다리는 엄청난 세월과 통행의 무게를 견뎌온 탓에 구조적 위험 판정을 받아 철거 위기에 놓였었다. 새로 지을 영도다리를 놓고 치열한 논의를 벌인 끝에 원형을 유지하는 도개교로 복원하기로 결정한 것이다. 불편해도 인내하고 역사를 돌아볼 줄 아는 성숙한 시민의식 덕분에 영도다리는 더욱 세련된 도개교로 재탄생되었다. 하루도 빠짐없이 부산 사람들의 사연을 들고 내렸던 추억의 영도다리가 복원되었다는 사실만으로도 반가운 일이다. 지금은 매일 오후 2시, 하루 한 번만 다리를 들고 내린다.

영도다리의
도개 장면.

평화의 소중함을 알리는 유엔기념공원

부산 남구 대연동에 있는 유엔기념공원은 세계 유일의 유엔군 묘지이다. 부산의 문화유산 가운데 세계적으로 알려진 명소이며, 한국전쟁 참전용사와 후손들을 비롯해 해외 귀빈들이 한국에 올 때 빠짐없이 방문하는 장소이다. 현재 유엔기념공원은 우리나라를 포함한 11개국으로 구성된 국제관리위원회(CUNMCK)에서 맡아 관리하고 있다.

2001년 이전까지는 유엔기념공원을 '유엔기념묘지'라고 불렀다. 묘지에는 유엔군으로 한국전쟁에 참전했다가 전사한 2300명의 유해가 안장되어 있다. 그들은 왜 먼 한국까지 와서 전투를 하다가 숨졌을까?

1950년대에 이 일대는 동래군 당곡리에 속했다. 당곡마을, 석포마을, 분개마을 등 자연 조성된 작은 마을들에서 주민들은 농업, 어업, 염업을 하면서 살았다. 용호만의 아름다운 해변을 접하면서도 비교적 평탄한 토지가 넓게 펼쳐진 당곡리는 한국전쟁 이전까지는 조용하고 평안한 지역이었다. 그런데 중공군의 참전으로 한국전쟁이 격화되고 유엔군 사망자가 급증하면서 마을의 운명이 바뀌고 만다.

당시 유엔군은 전사자들의 시신을 가매장한 채 후퇴하기에 바빴고 인천과 대전 등에 임시 묘지를 세우기도 했다. 그러다 공식적인 유엔 묘지를 세울 필요성이 제기되자 부산항과 가깝고 넓은 평지가 있는 당곡리가 적격지로 뽑혔다. 유엔 묘지는 3개월의 공사 끝에 1951년 4월에 건립되었다.

오늘날 유엔기념공원을 방문하는 참배객들은 미군 안장자가 수십 명밖에 되지 않는다는 사실에 의아해한다. 당시 유엔군의 대다수가 미군으로 구성되었고 전사자가 3만 6천여 명에 달했다. 하지만 지금도 그렇지만 미군은 타국에서 사망한 전사자를 모두 자국으로 송환한다. 한국전쟁에서도 미군은 수습된 유해를 일본으로 수송해 확인한 후 즉시 본국으로 보냈다. 그러니 지금 부산에 남아있는 미군 안장자들은 전쟁이 끝난 뒤 본인 요청 등에 따라 이곳에 묻힌 분들이다. 또한 한국인 안장자들은 전쟁 때 카투사로 근무하다가 숨진 군인들이다. 1950년에 급하게 창설된 카투사에는 영어가 능숙하지 않은 젊은이들도 징집되어 사망자가 적지 않았다.

공원 내 기념관에 들른다면 꼭 봐야 할 유물이 두 점 있다. 하나는 한국전쟁에서 사용된 최초의 유엔기이고, 또 하나는 유엔기념묘지를 설치하기 위해 1959년 한국과 유엔이 맺은 협약

서이다. 유엔 묘지를 조성한 때는 1951년이지만 거의 9년이 지나서야 국제법으로 인정받았다. 부산에 급히 유엔 묘지를 만든 다음 재산권과 관리권 문제를 해결하는 데 시일이 많이 걸렸기 때문이다. 이 협약으로 묘지 소유권은 유엔에 넘겨졌고 당시 유엔 산하기구였던 유엔한국통일부흥위원회(UNCURK)에서 묘지를 관리하게 되었다. 하지만 1974년 유엔한국통일부흥위원회가 해산된 뒤로는 국제관리위원회가 그 일을 대신하고 있다(엄밀히 말하면 이 위원회는 유엔과는 상관없는 독자 조직이다).

한국전쟁 때 유엔에 군대를 파병한 나라는 총 21개국(의료지원 포함)이며 생면부지의 이 땅에서 전사한 유엔군은 4만 명이 넘는다. 한국전이 국제전으로 확전되면서 이들의 희생은 예고되었다. 전사자 가운데는 강대국의 식민지에서 징집되어 온 젊은이들도 있었다. 전쟁은 국가 대 국가, 이념 대 이념이 다투다가 빚어지는 거대한 폭력이다. 청년들의 처절한 희생이 따른다는 점에서 전쟁은 결코 합리화될 수 없다. 유엔기념공원의 진정한 가치는 전쟁의 참혹함과 평화의 소중함을 일러준다는 데서 찾아야 할 것이다.

6

부산 사람,
부산 정신

천지 삐까리• 로 살아있네!

부산 시장 통의 술집에 있다 보면 주위에서 온통 싸움질이 난 것처럼 소란하다. 실은 싸우는 게 아니라 즐겁게 이야기기하는 것이다. 부산 말이 거세고 억양이 높은 데다 얼굴까지 불콰하니 싸우는 것처럼 느껴질 뿐이다. 사투리가 심한 경우에는 무슨 말을 하는지 알아듣기조차 힘들다. 서울 사람들이 부산에 처음 내려와 경험하는 사투리에 얽힌 에피소드는 부산 지역 TV와 라디오 방송의 단골 메뉴이기도 하다.

부산에 시집 온 어느 서울 새댁의 이야기이다. 하루는 집안일을 힘들게 하고 있는데 시어머니가 집에 와서 "욕봤다"고 말했다. 새댁은 억울하기 짝이 없었다. 자신은 어디에서도 시어머니를 욕한 적이 없기 때문이다. 내가 욕하는 것을 어디서 봤느냐며 억울하다고 호소하니 집안이 웃음바다가 되었다. 부산

'천지 삐까리'는 '정말 많다'는 뜻의 경상도 사투리이다.

말로 '욕봤다'는 '수고했다' '고생했다'는 뜻이다.

이 새댁의 남편은 작은 중소기업을 운영하고 있었다. 어느 날 남편을 찾아 사무실에 갔더니 바쁘게 일하던 직원이 칠판에 적힌 협력업체 이름에 '꼽표'를 해달라고 부탁하고는 나갔다. 새댁은 협력이 잘 되는 업체이므로 예쁘게 장식해 달라는 얘기인 줄 알고 이름 옆에 꽃 모양을 그려줬다. 조금 있다 남편이 들어와 그림을 보고는 일은 안 하고 장난을 친다며 화를 냈다. 꼽표는 가위표를 가리키는 부산 사투리이다.

부산 말은 발음이 억세고, 줄여서 말하고, 억양이 살아있는 것이 특징이다. 동그라미를 '똥글배기', 갈고리를 '깔쿠리'라 하고, 고소하다를 '꼬시다'고 한다. '~라고 말하던데'를 '~라 카던데'라고 말하거나 '왜 그렇게 하니'를 '~와 카노'라고 한다. 서울 사람들이 잔잔한 호수처럼 수평조로 말하는 데 반해 부산 사람들의 억양은 파도가 출렁이듯 상승 · 하강조가 뚜렷하다. 강산에의 기막힌 노래 〈와 그라노〉를 들어보면 부산 사투리의 특징이 피부에 와 닿는다.

말에는 성격과 기질이 담긴다. 성격이 빠른 사람은 빠르게 말하고 화가 난 사람은 목소리 톤이 높아진다. 사투리가 전달하는 부산 사람들의 기질은 거세고 촌스럽고 무뚝뚝하다. 게다가 영화 〈친구〉의 대사 "고마 해라, 마이 뭇다 아이가"가 유행하고 〈범죄와의 전쟁〉에서도 "살아있네"가 대히트를 쳤다. 부산을 배경으로 한 영화들이 '부산 싸나이'들의 거친 사투리를 유행시키면서 부산 사람에 대한 고정관념이 만들어졌다. 하지만 막상 이들과 오랫동안 사귀어보면 저마다 성격과 기질이 다름을 느낄 수 있다. 한편 부산 사람들이 단순함을 좋아해 보이는 것은 말보다 실천을 중시하는 까닭이다. 그들의 말은 직설적으로 보이지만 솔직함이 묻어있고, 무뚝뚝하게 느껴지지만 내심은 속 깊은 성향을 드러낸다.

한데 요즘은 영화에서와 달리, 표준어 정책과 방송에 영향을 받은 탓인지 부산 사람들의 사투리도 점차 약화되고 있는 실정이다. 사투리가 없어지면 사람의 기질뿐 아니라 지역의 문화도 사라지는 법이다. 부산 사투리가 계속 '천지 삐까리로 살아있다'고 회자되려면, 이제 표준어보다 사투리를 권장해야 하는 시대이다.

먼 바다를 헤치고 나간
부산 마도로스

마도로스는 외항선을 타는 선원을 뜻한다. 그 유명했던 만화 주인공 뽀빠이가 마도로스이다. 네덜란드어 'matroos'를 일본인들이 부르면서 마도로스로 변했다고 한다. 마도로스는 우리말로 하면 뱃사람이요, 제도적으로 말하면 해기사(항해사)이다. 상선이나 어선을 타고 먼 바다로 나가는 마도로스는 바다도시 부산을 상징하는 직업이다. 오대양 육대주를 횡단하며 거친 파도와 싸워야 하고 감옥 같은 선상 생활을 인내하는 억센 부산 사나이, 그 이름이 마도로스였다.

경제개발 시대에 마도로스는 선망의 직업이었다. 하얀 제복을 깔끔하게 입고 담배 파이프를 문 마도로스는 멋진 외모에 돈도 많이 벌었기에 여성들에게 인기가 많았다. 해외여행을 맘대로 할 수 없었던 시절에 마도로스는 외국을 자유롭게 다니면서 값비싼 선물도 사왔다. 하지만 마도로스의 결혼생활은 순탄치 않았다. 바다가 집인 그들에게 육지는 잠시 다녀가는 휴식처였다. 가족과의 만남도 잠시뿐이요, 떨어져 있는 이별의 시간이 더 길었다. 마도로스만이 아니라 아내와 가족들도 인고의 시간을 버텨야 했다. 이런 직업적 특징이 여러 대중가요를 낳았다. 1960년대에는 〈잘 있거라 부산항〉 〈마도로스 부기〉 〈아메리카 마도로스〉 등 마도로스 관련 노래들이 발표되어 사람들의 심금을 울렸다.

그런데 가족과 떨어져 생활하는 것보다 더 큰 고통이 마도로스를 기다리고 있었다. 뱃사람들은 큰 풍랑을 맞아 죽음의 문턱에 다가가기 일쑤였다. 우리나라 원양어업의 효시는 1958년 지남호의 남태평양 어로이다. 지남호는 성공을 거두었지만 1966년에 남태평양으로 출발한 제2지남호는 갑작스런 돌풍에 휘말려 배에 타고 있던 선원 모두가 불귀의 객이 되고 말았다.

태종대 입구에는 하얀 기둥처럼 생긴 높은 탑이 서있다. 바다에서 순직한 선원들을 기리기 위해 1979년에 건립한 순직선원위령탑이다. 현재 9117개의 위패가 이 탑에 안치되어 있다. 정말 많은 선원들이 바다 위에서 불의의 사고로 유명을 달리했다. 그럼에도 부산의 마도로스들은 여전히 배를 타고 먼 바다로 출항한다. 꿋꿋한 기상과 굳센 의지의 그들이 없다면 우리나라의 해양 개척은 한낱 공허한 꿈에 불과할 것이다.

자갈치 아지매와 깡깡이 아지매

바다를 삶의 터전으로 삼았던 부산 여성들은 억척스러울 수밖에 없었다. 부산에서 억척여성의 역사는 연면히 이어져 왔다. 일제강점기의 부산은 다른 지역과 달리 여성이 시장의 장사를 거의 주도했다고 한다. 해방과 한국전쟁은 또 다른 억척여성들을 탄생시켰다. 부산에 온 귀환동포, 피란민, 전쟁미망인들이 억척여성의 대열에 속속 합류했다. 부산 표 억척여성인 자갈치 아지매(아줌마의 경상도 사투리)와 깡깡이 아지매는 부산 현대사가 맺어낸 열매였다.

자갈치 아지매

한국전쟁이 발발하자 자갈치시장도 피란을 온 사람들로 북적거렸다. 수산물시장은 거의 여성들 차지였다. 비린내 나는 생선을 다듬어 파는 아지매들은 대부분 집안의 생계를 책임지고 있었다. 전쟁터에서 남편을 잃은 여성들이 아이들을 키우며 살기 위해 주로 행상과 난전 일을 했다.

자갈치를 찾는 손님이 많아지자 장사를 하려는 아지매들이 더 몰려들었다. 남편이 실직하거나 아파서 일을 하지 못하는 아지매들도 동참했다. 머리에 수건을 두르고 몸빼(일바지)를 입은 아지매 부대는 전쟁과 같은 시장 통에서 살아남기 위해 더욱 억척스러워졌다. 자갈치 저잣거리에서의 고생을 마다않고 헤쳐 나가는 그들에게 '자갈치 아지매'라는 이름이 붙은 것도 이때부터다. 자갈치가 노점으로 뒤덮여 시끄러워질 무렵, 행정기관에서 철거와 단속에 나섰다. 그러나 억척스런 자갈치 아지매들은 온몸으로 싸우며 삶의 터전을 사수했다. 급기야는 경찰을 껴안고 바다로 뛰어든 자갈치 아지매 사건이 터졌다.

1980년대에 '자갈치 아지매'는 부지런하고 생활력이 강한 우리나라 여성을 상징하는 존재가 되었다. 딸린 식구들을 먹여 살리기 위한 이들의 헌신적인 노동이 부산 경제를 뒷받침하는 버팀목이었다. 부산 시장의 새벽은 자갈치 아지매가 깨운다 해도 과언이 아니었다. 새벽 4시 통금이 풀리자마자 택시를 타는 손님은 거의 자갈치 아지매들이었다. 이들은 매일 새벽 가장 먼저 일어나 시장으로 달려가서는 바위에 붙박인 굴처럼 한자리에 앉아 모진 시간들을 견디며 일했다. 추운 겨울 새벽에도 모닥불을 쬐면서 하늘 높이 뜬 샛별 속에 자식들의 얼굴을 새기며 장사를 시작했다.

아픈 사연을 품은 아지매들이 계속 자갈치로 모여들었다. 친근한 후배에게 사기를 당해 전 재산을 날린 아지매는 어린아이를 업은 채로 새벽 3시부터 시장에 나와 조개, 해삼, 생굴 등을 팔아서 5년 만에 빚을 청산했다. 10년 동안 앓아누운 남편을 대신해 억척스럽게 장사한 끝에 자식 넷을 모두 대학까지 보낸 아지매도 있었다. 자갈치 아지매는 부산뿐만 아니라 전국 각지에서 모여들었다. 타향 출신을 배제하지 않고 시장공동체로 모두 포용했기에 자갈치 아지매의 브랜드 가치가 높았다. 자갈치는 그냥 저잣거리가 아니었다. 가난하고 실패한 여성들이 희망과 생명을 되찾는, 아지매의 자궁과 같았다.

깡깡이 아지매

부산 사람들에게도 깡깡이 아지매는 생소하다. 최근 부산해양대의 한 민속학자가 영도 깡깡이마을을 집중 조명하면서 깡깡이 아지매의 삶이 관심을 받기 시작했다. 깡깡이 아지매는 선박에 붙은 녹이나 조개껍데기를 떼어내는 작업을 하는 아낙이다. 이들은 무거운 망치를 들고 낡은 배의 녹을 쳐서 떨어내는 깡깡이질을 해서 살아간다. 배를 칠 때마다 '깡-깡' 하는 소리가 나서 깡깡이질이라 했다.

깡깡이질의 역사는 영도 조선소에서 시작되었다. 영도는 근대 조선 산업이 출발한 곳이다. 1887년 다나카 조선소가 처음 영도에 닻을 내렸고, 1937년에는 대한조선공사(현 한진중공업)의 전신인 조선중공업이 강선(강철로 제작한 선박)을 건조하기 시작했다. 조선소를 뒤따라 배를 수리하는 철공소들도 영도 대평동과 남항동에 자리를 잡았다. 바다로 나갈 선박은 일정 기간에 한 번씩 수리를 해야 했고, 녹을 떨어내는 깡깡이질도 반드시 거쳐야 할 과정이었다. 따라서 영도에는 늘 깡깡이질 소리가 울려 퍼졌다.

한국전쟁 시절 영도에도 피란민이 많이 살았다. 고향을 잃고 영도에 와서 할 수 있는 일은 별로 없었다. 그나마 배 수리업체를 찾아가면 깡깡이질을 할 수 있어 다행이었다. 단순하고 위험한 수리 노동에 억척스런 아지매들이 투입되었다. 무거운 망치를 들고 높은 곳에 올라가 강판을 때려대는 깡깡이질은 중노동이었다. 특히 더운 여름날에 수건과 안경, 마스크까지 덮어 쓰고 깡깡이질을 하고 나면 마치 사우나 안에서 일을 한 것처럼 피부가 붉어지고 온몸이 녹초가 되었다. 그래도 사고가 안 나면 참고 일할 수 있건만 이따금 작업대에서 떨어지는 추락사를 당해 삶을 접어야 하는 경우도 있었다.

깡깡이질을 한 대가는 혹독했다. 하루 종일 쇠를 두드리는 거센 소리를 들으며 일한 탓에 집에 돌아와서도 내내 깡깡거리는 환청에 시달렸다. 깡깡이질을 그만둔 뒤에는 소리가 잘 안 들리는 난청으로 인해 보청기를 착용해야 했다. 강판에 달라붙은 녹을 털어내 선박의 노후화를 방지하는 일을 하면서 정작

녹슬어가는 자신은 방어하지 못한 것이다. 이들은 간혹 자신이야말로 녹슨 고철이라며 자탄하기도 한다.

깡깡이 아지매들은 영도 조선소 거리의 절벽 같은 삶을 망치 하나로 깡깡거리며 지탱해 오면서 주변으로부터 따스한 눈길 한번 받지 못했다. 지금이야말로 지난한 세월을 버티며 험난한 노동에 신음했던 또 다른 부산 억척여성들의 삶을 조명해 볼 때이다.

부산의 정신적 지주, 김정한 선생

요산 김정한 선생은 문학가이자 실천가로 한평생을 살았다. 그는 일관되게 리얼리즘 문학 세계를 구현하기 위해 펜을 들었을 뿐 아니라 일제와 독재에 맞서는 투쟁에도 선봉에 섰다. 삶과 문학 그리고 말과 실천이 일치하기는 참 어렵다. 하지만 김정한 선생은 자신의 말과 문학을 그대로 현실에서 실천하기 위해 한결같은 노력을 했던 사람으로 많은 부산 사람에게 존경을 받아 부산의 정신적 지주로까지 불린다.

요산 선생은 1908년 지금의 금정구 남산동에서 태어났다. 범어사에서 운영하는 사립 명정학교에 입학했으며, 동래고등보통학교(현 동래고등학교)를 졸업한 후 일본 와세다대학 부속 제일고등학원 문학부에 다녔다. 동래고등보통학교 시절부터 문학에 눈을 뜬 그는 와세다대학에서 독서회에 가입해 활동했다. 1936년 소작농들의 생존권 투쟁을 주제로 한 단편소설《사하촌》이 조선일보 신춘문예에 당선되어 본격적으로 소설가의 길에 나선다. 그는 남명심상소학교 교사와 부산중학교 교사로 재직했으며 1950년 이후로 부산대학교 강단에 섰다. 《사하촌》 이후에도 《모래톱 이야기》《지옥변》《인간 단지》 등을 발표해 부조리한 사회 현실을 고발하고 소외된 민중의 굴곡진 삶을 문학적으로 형상화하려 노력했다. 일제강점기에는 농민운동 등을 하다가 여러 차례 잡혀갔으며 독재정권 시절에 국가권력에 맞서다 투옥되기도 했다.

2006년, 요산 선생의 생가 옆에 그의 문학정신을 기리기 위한 문학관이 건립되었다. 범어사역 1번 출구로 나오면 요산 선생의 사진과 어록으로 벽면을 장식한 요산로가 보인다. 유달리 눈에 띄는 글귀, '사람답게 살아라'라는 요산 선생의 말이 죽비처럼 내리친다. 요산 선생은 《산거족》이라는 작품에서 주인공의 입을 빌어 '사람답게 살아가라. 비록 고통스러울지라도 불의에 타협한다든가 굴복해서는 안 된다. 그것은 사람이 갈 길은 아니다.'라고 말했다.

요산문학관에는 그의 유품들이 전시되어 있다. 특히 그가 직접 그리고 썼다는 식물도감 앞에서 발걸음이 떨어지지 않는다. 그는 문학을 하면서도 자연에 대해 '잡초' '이름 없는 꽃' 등으로 얼버무리듯 표현하기를 거부했다고 한다. 요산 선생이 우리 산하에서 자라는 식물들의 구체적인 이름을 작품에 일일이 호명하기 위해 얼마나 노력했는지, 또 우리 땅 우리 들꽃을 얼마나 사랑했는지를 잘 보여주는 자료이다.

근대 자본가 윤상은과 구포은행

윤상은은 부산의 근대를 견인한 인물이다. 1889년 구포 명문가인 파평 윤씨 집안에서 태어난 그는 은행 경영인과 행정 관료, 농장 경영주, 근대 교육가 등 여러 갈래의 길을 걸었다. 조선 말기부터 산업화 시기까지 무척이나 파란만장한 시대를 살면서 근대를 개척해 나갔다. 그 인생에서도 젊은 시절이 가장 돋보인다. 청년 윤상은은 다방면에서 근대적 활로를 모색하면서 무진히도 바쁘게 살았다. 구포사립구명학교를 세우는 데 참여했고 우리나라 지방은행의 효시인 구포은행을 설립했다. 농업과 축산업 진흥에도 열의를 보였으며 갈대밭이던 맥도(麥島)를 농토로 개간했다.

조선시대에 구포는 물류 집산지이자 교통 중심지였다. '경상도 돈은 구포에 다 모인다.'는 말이 있을 정도였다. 하지만 근대의 시작은 전통적인 경제 체제에 재편을 요구했다. 개항과 함께 일본 금융회사들이 부산으로 들어왔고, 일제는 식민지 경영과 자본 침탈을 위해 조선 땅에 일본 은행들의 설립을 도왔다. 부산은 우리나라에서 최초로 근대식 은행이 들어선 금융도시였다. 개항 후 1878년, 일본의 국립은행인 제일은행 부산지점이 설립되었고(제일은행은 조선은행이 가동되기 전까지 중앙은행의 기능을 했다) 부산상업은행, 식산은행 부산지점, 동양척식주식회사 금융부 등도 속속 설립되었다. 이 은행들은 일본 상인과 회사들에게 큰 자본을 지원해 조선의 산업을 잠식시키는 산파 노릇을 했다.

반면, 조선 상인들에게는 돈줄이 막힌 시대였다. 일본 은행에서 조선인에게 대출을 해줄 리 만무하므로 민족 자본의 성장에 빨간불이 켜졌다. 이에 부산과 동래의 상인들이 대응 전략을 짰다. 전통적인 금융공동체인 저축계를 조직해 상업 자금을 마련하고자 했다. 외국 문물에 일찍 눈을 뜬 윤상은은 한 발 더 나아가 근대적인 은행기구를 설립하고자 애썼다. 그 단초가 된 것이 1909년 구포 객주 장우석 등과 힘을 합쳐 설립한 구포저축주식회사였다. 윤상은은 23세의 어린 나이에도 주주들을 모아 협상하고 회사를 경영하는 데 앞장섰다.

일제는 강제적 한일합방 이후 회사령을 반포해 조선인의 회사 창업을 어렵게 만들었다. 구포저축주식회사도 회사설립신고서를 제출했으나 퇴짜를 맞았다. 하지만 윤상은은 포기하지 않고, 부산과 경남 지역에서 주주를 더 모으고 증자해 마침내 1912년 구포은행을 창립한다. 이는 우리 금융사에서 획기적인 사건이었다. 구포은행은 조선인 주도로 세운 최초의 민족계 지방은행이었기 때문이다. 이후 구포은행은 경남은행으로 상호를 바꾸고 초량으로 옮겨간다.

한편 동래와 기장의 지주와 상인들도 협력해 동래은행을 세웠으나 나중에 호남은행으로 합병된다. 경남은행과 호남은행은 이후 조흥은행으로 재통합되었다.

자신을 던져 248명을 살린 박을룡 경찰관

한국전쟁 이후 폭발적인 인구 증가로 부산은 몸살을 앓았다. 1960년대에도 농촌을 떠나 대도시 부산으로 들어오는 이농민들의 이향 행렬은 줄어들지 않았다. 그나마 경남 일대에서 일자리를 구할 수 있는 곳이 부산이었기 때문이다. 어렵사리 부산으로 들어왔건만 실업자로 전전긍긍하는 일이 많았고 좀체 가난과 고통에서 벗어나지 못했다. 그래서 극단적인 선택을 한 이들은 영도다리를 찾아갔다. 1960년대에 영도다리는 '죽음의 다리'라는 오명이 붙었다. 투신자살 사건이 연이어 발생했기 때문이다. 투신자살자가 끊이지 않자 다리 난간에 '잠깐만'이라는 안내문까지 붙었다. 잠시라도 소중한 생명을 성찰해 보라는 주문이다.

이런 영도다리를 다시 '생명의 다리'로 구현시킨 인물이 박을룡 경사였다. 그는 영도경찰서에 소속된 경찰관으로 영도다리 검문소에서 근무했다. 수영 실력이 뛰어난 박 경사는 투신하는 사람을 보면 용감하게 직접 바다로 뛰어들어 구조해 왔다. 10여 년 동안 그가 죽음으로부터 구해낸 투신자가 무려 248명이었다고 한다.

박 경사는 슬하에 4남 4녀를 둔 가장이었다. 그럼에도 살신성인의 자세로 물에 들어가 수백 명을 구출했으니 정말 대단한 위업을 이룬 것이다. 직장에서도 그의 공로를 인정해 경찰 최고 공로훈장인 금색장을 수여했고, 1961년 〈경향신문〉에 그에 관한 미담이 실리기도 했다. 박 경사의 눈부신 활약이 세상에 알려진 후 영도다리에는 자살사건을 방지하기 위한 별도의 감시초소가 세워졌다.

하지만 시간이 흐르다 보니 그에 대한 기억은 어느덧 사라졌다. 우리는 높은 지위의 위인과 영웅들은 기록으로 남겨 후세에 알리고자 하는 데 반해 평범한 의인에게는 그다지 깊은 관심을 갖지 않는다. 수백 명의 생명을 살리기 위해 수백 번이나 바다로 뛰어들었던 박을룡 경찰관의 시민 구출기야말로 평범한 부산 사람의 위대한 이야기로 길이 남겨야 할 스토리가 아닐까?

민주주의의 상징,
부마항쟁과 민주공원

부산을 '민주화의 성지'라고도 부른다. 그 이유는 1979년에 발생한 부마항쟁 때문이다. 부마항쟁은 박정희 유신독재정권에 종말을 고하는 계기를 만든 사건이다. 이 항쟁에 도화선을 당긴 이들은 부산대학교 학생들이었다. 1979년 10월 15일 처음으로 부산대학교에서 반독재 시위가 시작되자 다음날에는 수천 명의 학생들이 참여했다. 이들은 부산 중구의 시내로까지 진출해 '유신 철폐'와 '독재 타도'를 외치면서 가두시위를 벌였다. 10월 17일에는 동아대학교에서도 학생 시위가 일어났고 시민들도 가두시위에 합류했다.

부산에서 시작된 반독재 시위는 10월 18일 마산으로 번져 나갔으며, 급기야 독재정권은 비상계엄을 선포하고 공수부대를 투입하기에 이르렀다. 박정희 정권은 무자비한 진압을 벌여 1500여 명의 부산 시민을 연행했으나 10.26 사태*가 발생해 결국 무너지고 만다.

부산 시내에서 보면 중구 영주동 구봉산 중턱에 유달리 눈에 띄는 큰 탑이 있다. 이 탑은 부산 출신 전몰용사들의 영혼을 추모하는 충혼탑이다. 이 탑과 마주보고 있는 공원이 민주공원이다. 산 정상에 세워진 민주공원은 '부산다운 건축상'을 수상했을 만큼 아름다운 시설물이다. 공원 내의 부산민주항쟁기념관에는 부산 민주화운동에 관한 자료들이 전시되어 있다. 독재정권의 억압에 굴하지 않고 민주와 평등을 위해 분연히 일어섰던 부산 사람들의 항쟁 정신을 이곳에서 확인할 수 있다.

현재 민주공원의 관리와 운영은 부마항쟁기념사업회에서 책임지고 있다. 이 단체는 부마항쟁 10주년을 맞아 부산에 민주화운동을 뿌리내리고 민주주의 사업들을 수행하고자 설립되었다.

1979년 10월 26일 김재규 중앙정보부장이 박정희 대통령을 시해한 사건.

부산이 키운
뚝심의 대통령들

부산은 정치적 에너지가 넘치는 곳이다. '정치 용광로'라 부를 만하다. 부산은 우리 현대사의 전면에서 굵직굵직한 사건들과 마주쳤다. 한국전쟁 시절에는 이승만 정부가 피란수도 정부를 수립했고, 산업화 시기에는 박정희 정부가 부산항을 중심으로 수출주도형 경제정책을 펼쳤다. 이 과정에서 부산 사람들은 새로운 시대 이념을 수용했고, 최전선에서 민주주의를 외치며 독재정부와 싸우기도 했다.

파란의 현대사를 겪으면서 부산은 정치 용광로로 끓어올랐다. 그러는 동안 우리나라의 정치 지형을 뒤흔든 큰 인물들을 탄생시켰는데 무엇보다 대통령을 세 명이나 배출했다. 이제는 고인이 된 김영삼 · 노무현 전 대통령, 그리고 지금의 문재인 대통령이 그 주인공이다. 이들이 정확히 부산에서 출생한 것은 아니다. 하지만 모두 부산 경남을 배경으로 성장했고 부산을 정치적 고향으로 삼았다. 부산과 인연을 맺어 자란 이들이 부산의 정치 무대에 뛰어들어 성장한 끝에 국가 최고통치자인 대통령 자리에까지 오른 것이다. 그 각각의 이야기도 무척이나 드라마틱하다.

김영삼

김영삼 전 대통령은 김홍조와 박부련 사이에서 장남으로 태어났다. 부친이 거제도에서 멸치어장과 선단을 운영했기에 부유한 환경에서 자랐다. 만 26세에 고향에서 최연소 국회의원으로 당선된 이후 국회의원 9선을 지냈다. 김 대통령은 스스로 고향이 두 곳이라고 말했다. 태어나고 자란 유년기의 고향인 거제도와 정치가로 성장한 제2의 고향 부산. 그의 호인 거산(巨山)도 본향인 거제(巨濟)와 제2의 고향인 부산(釜山)에서 한 자씩 딴 것이다.

그는 거제에서 초등학교를 졸업하고 부산 서구 토성동에 있는 경남중학교로 유학을 왔다. 경남중학교 시절부터 그는 '미래의 대통령 김영삼'이라는 글씨를 책상에 써놓고 장차 대통령이 될 꿈을 키웠다. 그가 거제도를 떠나 부산 서구로 선거구를 옮겨 활동한 때는 1958년이다. 처음에는 낙선했지만 4.19 혁명 이후 제5대 총선에서 당선되었고 이후로는 줄곧 부산 서구를 정치적 기반으로 삼았다. 야당 국회의원으로서 그는 가시밭길을 걸었다. 초산테러 사건, 의원직 제명 등 독재정권의 탄압에 굴하지 않는 강골 정치가로서 부산 사람들의 신망을 받았다. 하지만 1992년, 자신이 그토록 반대했던 군부세력과의 합당으로 제14대 대통령 선거에 당선되어 민주화운동 진영으로부터 야합해서 대통령이 되었다는 비판을 받았다. 3당 합당과 김영삼 정부 출범은 야당 도시였던 부산의 정치 분위기를 크게 바꾸어놓았다.

노무현

노무현 전 대통령은 오뚝이 같은 인생을 살아온 인물이다. 경상남도 김해시 진영읍에서 농사를 짓는 노판석과 이순례 사이에서 막내아들로 태어났다. 초등학교와 중학교를 고향 진영에서 다녔다. 우수한 성적에도 가난한 가정환경 탓에 순탄치 못한 학교생활을 했다. 부일장학회로부터 장학금을 받아 간신히 중학교를 졸업했고 당시 가난한 수재들이 몰리던 부산상고에 진학했다. 이때부터 부산 생활이 시작되었다. 고등학교 졸업 후 막노동과 사시 공부를 병행하다가 1975년 사법시험에 합격하는 기염을 토했다.

대전에서 1년간의 판사 생활을 그만두고 부산으로 내려와 변호사 생활을 했다. 1981년 우연히 부림사건의 변호를 맡으면서 인권변호사의 길을 걷기 시작한다. 부산공해문제연구소 이사와 부산민주시민협의회 상임위원장 등으로 일하면서 본격적인 시민운동가가 되었다. 그러다 1988년 부산 동구에서 통일 민주당 후보로 국회의원에 당선된다. TV 청문회 스타로 잘 알려진 것도 이때다. 하지만 노 대통령은 평탄한 국회의원의 삶에 만족하지 않았다. 그는 김영삼의 3당 합당을 밀실야합이라 비판하고 다시 야당의 길로 들어섰으며, 지역감정으로 골이 깊은 우리나라 정치구도를 깨기 위해 노력했다. 정치 1번지라고 하는 서울 종로구에서 국회의원으로 당선되었으나 지역주의의 강고한 벽을 깨겠다며 다시 부산 강서구로 내려왔다. 비록 강서구에서는 낙선했지만 시련을 마다하지 않는 그의 실천력은 강한 인상을 남겼다. 2002년 새천년민주당 내 국민경선제에서 강력한 '노풍'을 일으켜 대통령 후보로 선출되었고, 여론조사를 통한 정몽준 후보와의 단일화에도 성공해 야권통합 대통령 후보가 되었다. 당시 여당이었던 이회창 한나라당 후보에 역전해 제16대 대통령에 당선되었다.

문재인

문재인 대통령은 피란민의 후손이다. 흥남철수 때 아버지 문용형과 어머니 강한옥은 영화 〈국제시장〉을 통해서 잘 알려진 미국 상선 메러디스빅토리 호를 타고 거제도로 피란을 왔다. 문용형은 흥남시청 농업과장으로 근무한 인텔리였으나 낯선 거제도에서는 일자리를 구할 수 없었다. 1953년 문 대통령이 태어난 후 거제도에서 부산 영도로 이사를 왔으나 대부분 피란민의 삶이 그러했듯 가난한 삶은 바뀌지 않았다.

문 대통령은 영도구 영선동에서 자랐으며 남항국민학교를 다녔으니 영도가 고향이나 마찬가지이다. 성적이 우수해 부산 경남의 최고 명문인 경남중학교와 경남고등학교에 입학했지만 가난한 집안 사정으로 인해 학창시절에 방황을 많이 했고 재수를 해서 경희대 법대에 입학했다. 대학 시절 민주화 투쟁에 앞장서다가 구치소에 수감되었는데 거기서 사법시험 합격 통지서를 받았다. 사법연수원을 차석으로 졸업했음에도 운동권 전력으로 인해 판사에 임용되지 못했고, 고향 부산으로 내려와 당시 변호사였던 노무현 전 대통령과 함께 법률사무소를 운영했다.

부산에서 그는 인권변호사로 활동했다. 미문화원 방화사건, 동의대사건 등 부산의 대표적인 시국사건들의 변호인을 맡았고 부산민주시민협의회 상임위원을 역임하는 등 민주화운동에 앞장서서 일했다. 노무현 대통령의 참여정부에서 비서실장을 지냈으나 실은 정치에 그다지 뜻이 없었다. 이후 퇴임한 노무현 대통령의 안타까운 서거로 인해 운명처럼 정치인의 길을 걷게 된 그는 2012년 부산 사상구에서 국회의원에 당선되었고, 재수 끝에 2017년 제19대 대통령으로 당선되었다.

부산시민공원 파란만장사(史)

부산시민공원은 부산진구 연지동에 있는 공원이다. 부산의 중심지인 서면 근처에 있으며 넓고 여유가 넘치는 공간이라 요새 부산 사람들의 발길이 끊이지 않는다. 그런데 부산 사람들을 위한 시민공원으로 탄생하기까지 우여곡절이 많았다. 우리나라 식민지와 전쟁의 슬픈 역사를 고스란히 간직한 장소가 바로 이곳이다. 일제의 경마장에서 시작해 미군의 하야리아 부대로, 그리고 다시 시민공원이라는 이름을 갖기까지 엄청난 시련을 겪어야 했다.

일제강점기 부산에서 개최된 경마대회는 언제나 인산인해를 이루었다. 부산진 매축지에 있던 작은 경마장으로는 급증하는 경마 열기에 부응하기 어렵다고 판단한 일제는 새로운 경마장 건립을 모색했다. 그 장소로 찾은 곳이 지금의 부산시민공원 자리이다. 이곳에 서면경마장을 개장한 후 경마 열기는 더욱 거세어졌다. 부산 경마는 흥행가도를 달렸으며 오락을 넘어

도박으로까지 변질되었다.

중일전쟁이 터지자 잘 나가던 경마장에도 역풍이 불었다. 부산 경마장과 전쟁의 악연은 이때부터 시작된다. 돈보다 총이 앞서던 전쟁 시기였다. 침략전쟁에 올인한 일제는 넓은 공지인 경마장을 부대와 훈련소 용지로 징발했다. 태평양전쟁이 시작된 후에는 만주로 가는 조선 철도의 경비를 담당하는 제72병참 경비대가 이곳에 주둔했다. 여러 전투에서 잡혀온 외국인 포로들을 가두는 임시수용소와 이를 감시하는 군속교육대도 들어섰다.

해방 후 일제가 물러나자 경마장을 차지한 것은 미군이었다. 미군 역시 군사 도열 및 훈련을 위한 넓은 장소가 필요해 경마장을 장악했다. 한국전쟁이 일어나자 이곳에 하야리아 부대가 주둔했다. 하야리아(Hialeah)는 인디언 말로 '아름다운 초원'이라는 뜻이다. 2차대전 때 미국 플로리다 주에 유명한 하야리아 경마장이 있었다고 하는데, 부산 경마장을 보고 미국의 초원과 하야리아 경마장을 떠올린 미군들이 부대 이름을 그렇게 지은 것이다.

이렇게 무려 100년 동안이나 이 공간은 일제와 미군에 속해 있었고 감히 우리나라 사람은 접근하기조차 어려웠다. 철조망과 높은 담에 둘러싸여 사람들의 기억 속에서도 아예 잊힐 뻔하다가 1995년부터 시민단체 등에서 '우리 땅 하야리아 되찾기' 운동을 지속적으로 벌인 끝에 2010년에 부지를 반환받

게 되었다.

부산시민공원에서 가장 눈에 띄는 건물은 시민공원역사관이다. 둥그런 원형의 단층 콘크리트 건축물로, 원래는 1949년 미군 장교들이 연회와 행사를 여는 장교클럽으로 지어졌다. 시민공원을 조성하면서 이곳에 공원의 지나온 과정을 전시하는 역사관을 만들었는데, 안에 들어서면 100년 만에 부산 시민의 품으로 돌아온 시민공원의 역사와 의의를 한눈에 알아볼 수 있다.

부산 사람은 '말뚝이'이다

부산은 정치 용광로일 뿐 아니라 문화 용광로이다. 거친 광석이 용광로에서 쇠붙이로 탄생하듯, 부산은 끊임없이 타문화를 받아들여 새로운 문화로 변화시켜 왔다. 그 어떤 문화도 뜨거운 열기가 넘치는 부산에 유입되면 원형을 바꾸지 않을 수 없었다.

오늘날까지 수영 지역에 전승되고 있는 수영야류 탈놀이* 에는 조선 후기의 상징적인 인물들이 등장한다. 개중 홍미로운 인물은 단연 말뚝이이다. 말뚝이 탈은 그 자체로 강렬한 인상

* 수영야류(水營野遊)는 200여 년 전 경상좌수사(慶尙左水使)가 군졸들의 사기를 높이기 위해 합천 밤마리의 대광대패를 데려와 연희를 벌인 것에서 유래했다. 합천의 탈놀이에 수영의 문화적 특징을 녹여 새로운 가면극으로 거듭난 전통 연희로, 지금까지 수영 지역에서 전승되고 있다. 수영야류는 1971년 중요무형문화재로 지정되었으며, 얼마 전에는 수영야류탈도 부산시 민속문화재 16호로 지정되었다. 수영야류에서는 연희가 끝날 무렵에 탈을 모아 소각하기 때문에 현대까지 전해지는 가면이 매우 희귀하다. 민속문화재로 지정된 수영야류탈은 연희에서 사용된 가면 한 벌이 완전하게 남아 가치가 큰 문화유산이다. 이렇게 수영야류는 무형과 유형이 결합된 문화유산으로서 특별한 의미를 지닌다.

을 남긴다. 다른 탈에 비해 클 뿐만 아니라 얼굴 전체에 울퉁불퉁하게 혹이 돋아나 있다. 황소 눈알에 팔자 귀, 길게 째진 입을 가진 형상이다. 우락부락하게 생긴 도깨비 얼굴답지 않게 말뚝이는 양반집 하인으로 출연한다. 연회에서 말뚝이는 말채찍을 들고 등장하는데, 양반이 탄 말을 다루는 일을 하기 때문이다.

그런데 이 녀석의 입담이 거칠기 이를 데 없다. 때론 능청스럽게, 때론 신랄하게 양반을 놀려먹는다. 과거를 보러 가려는 양반들이 소리 높여 녀석을 부르지만 한참 지나서야 나타난다. 도령에게 문안을 드리라고 하자 '째보도령'이라며 조롱하고, 서방님을 '새아들놈' '개아들놈'이라고 야유한다. 심지어 뿌리 깊은 신분 제도를 뒤엎는 폭거를 일으킨다. 서방님 집에 가서 대부인 마누라와 술 한 잔 하다가 동방화촉(洞房華燭)을 밝혔다고 폭로한다. 사대부 집안 대부인과 사내종이 관계했다는 말을 들은 양반들은 "양반집이 망했네."라고 합창하다가 결국 퇴장한다.

수영야류의 말뚝이는 해학과 풍자의 화신이다. 말뚝이는 허세와 무능에 빠진 양반들을 맘껏 조롱한다. 고착된 계급사회를 연기와 재담으로 고발하는 말뚝이를 보면서 백성들은 후련하게 대리만족을 했을 터이다. 사회적 모순을 질타할 뿐 아니라 풍자가 살아있는 예술로 승화시킨 말뚝이 정신은 오랫동안 부산 문화의 토대였다. 예컨대 소외된 민중의 삶을 천착하고 부조리한 사회 현실을 비판한 요산 김정한 선생의 문학 세계에서도 말뚝이 정신을 만날 수 있다. 말뚝이 정신을 계승한 부산 사람들은 일제와 독재정권 앞에서도 굴하지 않고 끊임없이 항거했다.

이제는 부산 말뚝이를 영화와 연극 그리고 TV에서 볼 수 있다. 부산 출신 배우와 연예인들이 그 주인공으로, 이들도 영락없는 말뚝이이다. 끼와 연기력, 해학을 겸비한 그들은 각종 매체와 프로그램을 장악했다. 여러 예능 프로그램에 등장해 해학과 풍자, 아니 독설로 대중에게 한바탕 웃음을 안겨준다. 앞으로도 부산 사람들은 넘치는 끼와 불타는 열정으로 문화예술계를 주름잡을 것이다. 그렇게 헌 시대를 바꾸고 새 문화를 창출할 것이다. 부산 사람에겐 어디서나 말뚝이의 피가 흐르기 때문이다.

부록

걸어서 부산 인문 여행 추천 코스

오늘날에는 여행 추세가 상당히 변해 여럿이 그룹을 지어 다니기보다는 단출하게 여행하는 관광객이 늘고 있다. 잘 알려지고 떠들썩한 관광지보다는 지역의 의미 있는 장소를 찾아 살펴보는 인문 여행이 조명을 받는 것도 특징이다. 지역 문화의 속살을 보기 위해 도심 구석구석을 걷는 여행도 인기가 있다. 부산은 원도심권(중구, 동구, 서구, 영도구 일대)과 동래구, 해운대구 등이 걷기에 괜찮은 인문 여행 장소이다. 스스로 포인트를 찍은 후에 원하는 코스를 잡아보는 인문 여행을 권장하고 싶다. 여기에 독자들이 참고할 수 있는 '걸어서 부산 인문 여행'의 몇 가지 코스를 제시해 본다.

부산 인문 여행 #1

조선의 부산은 동래다

동래구 복산동과 온천동 일대

● 동래읍성임진왜란역사관 → ● 동래시장 → ● 동래부동헌 → ● 송공단 → ● 장관청 → ● 동래향교 → ● 동래읍성 → ● 농심 호텔(구 허심청) 앞 노인상 → ● 온정각 → ● 동래별장

조선시대 부산의 심장부였던 동래 지역과 동래온천장을 돌아보는 인문 여행이다. 부산 지하철 4호선 수안역의 지하 1층에는 동래읍성임진왜란역사관이 있다. 수안역 공사를 하다가 동래읍성의 해자와 유물, 살해당한 백성들의 유골이 출토되어 이를 보존하기 위해 세운 전시관이다. 임진왜란 전투의 참혹상이 실제로 확인되었다는 점에서 중요한 공간이다. 조선시대 동래와 관련된 여행 지점들은 동래시장 주변에 몰려있다. 동래시장은 부산에서 가장 오래된 시장이지만 지금은 상설 점포로 바뀌어 옛 모습을 찾기는 어렵다. 하지만 시장 남쪽에 접하고 있는 동래부동헌을 보면 시장의 옛 역사를 어느 정도 가늠할 수 있다. 조선시대에는 대개 동헌 앞에서 시장이 열렸기 때문이다. 동래부동헌에서는 충신당을 비롯해 관아의 대문인 독진대

아문, 문루인 망미루 등을 볼 수 있다. 동래시장 북쪽에는 동래성전투에서 숨진 송상현 동래부사와 선열들을 모신 송공단이 있다.

동래 인문 여행에서 아쉬운 점은 조선시대 심장부에서 옛 한옥이 잘 보이지 않는다는 사실이다. 일제강점기 이후 근대도시 개발에 집중했던 터라 한옥 보존을 거의 생각하지도 않았다. 그런 점에서 장관청 건물은 소중한 코스이다. 수안장로교회 앞에 있는 한옥이 장관청으로, 동래의 무관들이 군사 업무를 보는 집무소였다. 지금은 동래기영회라는 단체에서 관리하고 있다. 기영회는 동래의 무관과 향리 출신들이 만든 단체로 부산에서 가장 오래된 조직이다.

장관청 이후의 여행 지점들은 거리가 꽤 떨어져 있어 발품이 든다. 동래향교는 명륜초등학교 옆에 있다. 향교는 지방교육기관이자 제향 공간으로서 동래 지역민들을 위한 유학 교육의 산실이었다. 향교 뒷산에는 동래읍성이 있다. 동래읍성은 동래부 전체를 방형으로 감싸는 성곽이었으나 일제강점기 이후 시가지 계획에 의해 거의 철거되었다. 지금은 복천박물관 주변산에 북문과 옹성, 장대 등을 복원해 놓았다.

다음은 삼국시대 이래 우리나라 최고 관광지였던 동래온천장으로 이동해 보자. 동래사적공원을 지나 동래온천장까지 걸어서 30여 분이 걸린다. 허심청은 동래온천장에서 제일 유명한 온천 시설이다. 일제강점기에는 대표적 여관인 봉래관이 있었고 1960년대는 동래관광호텔이 세워졌던 자리이다. 1980년대에 농심이 이를 인수했다. 농심 호텔 정원에는 노인상이 있다. 일제강점기에 전차가 여기까지 들어온 것을 기념해 세운 인물상이다. 농심 호텔 서쪽에는 동래온천노천족탕이 있고 그 앞에 온정각이 있다. 온정각 안에는 조선시대에 동래온천을 대대적으로 수리한 것을 기념하기 위해 세웠던 온정개건비와 수조가 있다. 다시 금강로를 건너 온천1동 주민센터 뒤쪽으로 가면 오래된 일식 건물이 보인다. 이것이 동래별장이다. 이 건물은 일제강점기 부산 최고의 땅 부자였던 하자마 후사타로의 별장으로 지어졌다. 일제강점기에 온천수 배급을 둘러싸고 조선인과 일본인 사이에서 갈등이 촉발된 장소이다. 피란수도 시절에 부통령 관저로 사용했고 1965년부터 고급 요정으로 영업을 하다가 폐업해 지금은 한정식 집으로 운영 중이다.

부산 인문 여행 #2

부산의 원류, 부산포를 찾아서

동구 좌천동과 범일동 일대

● 증산공원 → ● 부산포개항문화관 → ● 구 일신여학교 → ● 정공단 → ● 부산진시장 → ● 자성대 → ● 조선통신사역사관 → ● 영가대

조선시대 부산포의 원류를 찾아 떠나는 여행이다. 항구도시 부산은 동구 좌천동과 범일동 일대의 포구에서 출발했다. 부산포에는 이모저모로 얽힌 이야기가 많다. 부산포는 1407년 우리나라에서 처음으로 개항한 곳으로 왜관이 신설된 장소이기도 하다. 임진왜란 때는 첫 전투가 발발한 곳이었다. 부산(釜山)이라는 명칭의 유래에 대한 두 가지 설, 즉 증산설과 자성대설도 이곳에서 비롯되었다. 이 인문 여행은 증산 꼭대기에 있는 증산공원에서 출발한다. 증산공원 밑에는 왜적들이 쌓은 왜성이 일부 남아있다. 공원에서 자성대와 범일동, 자성대부두가 훤히 보인다. 경사형 엘레베이터를 타고 내려오면서 좌천동 일대를 살펴볼 수 있다.

부산포개항문화관 주변에는 볼거리가 숱하다. 이곳은 부산포의 역사와 독도를 지켜낸 안용복 장군을 테마로 한 전시관

이다. 근대 개항기에 선교사들이 이곳에 정착했다. 좌천동에는 호주 선교사 맥켄지(매견시) 등이 설립한 구 일신여학교, 맥켄지의 딸 헬렌(매혜련)과 케서린(매혜영)이 세운 일신기독병원이 있다. 일신여학교는 지금은 동래여고로 바뀌었다. 일신여학교 건물 앞의 부산진교회는 미국인 선교사 윌리엄 베어드가 처음에는 한옥에서 예배를 드리면서 시작한 곳이다. 부산진교회 아래의 정공단은 부산진성에 쳐들어온 왜적과 맞서 싸우다 전사한 정발 장군을 기리기 위한 제단이다.

정공단에서 부산진시장까지는 15분 정도 걸어야 한다. 부산진시장은 조선시대에 '부산장'이라 불렸던 시장으로, 부산진성 근처에 형성된 오일장이었다. 지금은 주로 혼수품과 옷가지를 취급하고 있다. 부산 경남을 대표하는 포목과 혼수 전문 시장으로서 손님이 줄을 잇는다. 부산진시장 건너편에는 자성대가 있다. 자성대는 부산진성의 외성으로 지어졌다가 임진왜란 이후 본성으로 사용되었다. 자성대에도 왜성의 흔적이 남아있다. 자성대 바로 앞에는 조선통신사역사관과 영가대 건물이 있다. 영가대는 통신사들이 출항하기 전에 제사를 올렸던 장소이다. 원래 위치는 부산진시장 안쪽이었지만 옛 건축물이 사라지고 조선통신사역사관 앞에 복원해 놓았다.

부산 인문 여행 #3

개항에서 식민까지, 부산의 근대를 만나다

중구 중앙동, 남포동 일대

● 제1부두/세관박물관 → ● 새마당 매축기념비 → ● 40계단 테마거리 → ● 백산기념관/구 한성은행 부산지점 → ● 부산근대역사관/한국은행 부산지점 → ● 용두산공원 → ● 자갈치시장 → ● 영도다리

개항기부터 일제강점기까지 부산의 근대를 체험하는 여행이다. 부산의 근대는 바다를 매축하고 항구 시설을 축조하는 것에서 출발했다. 제1부두는 부산항만공사가 관리하고 있고 신분증이 있어야 들어갈 수 있다. 1912년에 설치된 제1부두는 그 후 여러 번의 공사를 거쳐 변형되었어도 우리나라 최초의 근대 부두로서 보존해야 할 문화유산이다.

1부두 옆에는 연안여객터미널과 부산본부세관이 있다. 세관 건물은 원래 탑두부가 눈에 띄는 아름다운 근대 건축물이었지만 1970년대에 도로를 정비하면서 철거되었다. 현재 부산본부세관 뒷마당에 탑두부의 뾰족한 정상 부분만 전시해 두었다. 부산본부세관 3층에는 부산의 개항과 세관의 역사를 주제로

한 세관박물관이 있다.

세관박물관 건너편에 있는 한국무역협회 정문에서 아래를 내려다보면 얼핏 철로가 보인다. 이 철로는 과거 부산역의 흔적이다. 역전 대화재로 역사(驛舍)가 사라지기 전까지 부산역이 이곳에 있었다. 여기서 두 블록을 걸어가면 기업은행 앞에 기념 비석이 하나 있다. 새마당 매축기념비이다. 이 일대는 원래 1900년대 초반 대규모 매축 공사를 통해 육지화된 곳이다. '새마당'이라는 지명은 바다를 매립해 새로 만들어진 터라는 뜻이다.

중앙대로를 건너면 40계단 테마거리가 나온다. 귀환동포와 피란민의 애환이 서린 40계단은 〈경상도 아가씨〉라는 대중가요에도 등장한다. 다시 대청로를 건너면 백산길로 들어선다. 이 도로에는 독립운동가 백산 안희제 선생을 기리는 백산기념관과 구 한성은행 부산지점 건물이 나란히 서있다. 위로는 용두산과 부산영화체험박물관이 보인다. 대청로를 따라 조금만 올라가면 부산근대역사관과 한국은행 부산지점이 있다. 일제강점기에 동양척식주식회사 부산지점으로 건립되었던 부산근대역사관은 해방 후 미국 문화원으로 사용되었다. 두 건물의 사잇길이 용두산길이다.

용두산길을 따라 올라가면 용두산공원 입구로 향한다. 용두산공원에서는 원도심권 일대를 조망할 수 있고, 부산타워에서는 북항 일대까지 모두 보인다. 다시 에스컬레이터를 타고 내려와 광복로와 비프광장을 지나 구덕로를 건너면 자갈치시장으로 들어선다. 자갈치에서는 재래시장과 회센터, 건어물시장 등을 볼 수 있다. 건어물시장 골목에서 영화 〈친구〉가 촬영되었다. 이곳에 일제강점기의 적산가옥들이 아직도 몇 채 남아있다. 건어물시장 앞쪽에 영도다리가 있고, 상판 일부를 드는 도개를 보려면 오후 2시에 맞춰 가야 한다.

부산 인문 여행 #4

피란수도 부산을 걷다

중구 광복동, 서구 대신동, 사하구 감천동 일대

● 국제시장 → ● 부평시장(깡통시장) → ● 보수동 책방 거리 → ● 동아대 석당박물관/부산 전차 → ● 임시수도기념관 → ● 아미동 비석문화마을 → ● 감천문화마을

한국전쟁과 피란수도 시절의 부산을 살펴보는 인문 여행이다. 임시수도가 된 부산은 역동과 혼란을 겪었지만 한편으로는 성장의 발판을 마련했다. 국제시장, 부평시장, 보수동 책방 거리는 도로를 사이에 두고 마주보고 있다. 중구로를 기준으로 동쪽이 국제시장, 서쪽이 부평시장이다. 국제시장은 '자유시장' 혹은 '도떼기시장'이라고도 하며 전체가 6공구로 나뉘어져 있다. 가방과 문구에서부터 가전제품과 연장까지 공구별로 취급하는 물품들이 다르다. 이 국제시장부터 광복로 사이에 옷, 가방, 모자 등을 판매하는 상점들이 거대한 상권을 형성하고 있다.

중구로 서쪽에 있는 부평시장이 속칭 '깡통시장'이다. 요즘은 먹거리시장으로 특화되었고 야시장으로도 유명하다. 어묵, 유부전골, 당면, 돼지국밥, 통닭, 떡볶이 등 다양한 음식을 접할 수 있다. 외제 물품들을 싸게 파는 상점도 많다. 부평시장에서 다시 대청로를 건너면 보수동 책방 거리이다. 책방 사이로 난 좁은 골목길을 걸어보면 헌책에 관한 추억이 되살아날 것이다. 이따금 중고서적의 무더기 속에서 생각지도 않은 보석을 발견할 수도 있다.

대청로 끝 지점에 동아대학교 부민캠퍼스가 있다. 부민캠퍼스의 중심에 있는 붉은 벽돌 건물이 동아대학교 석당박물관이다. 현재는 박물관 용도로 이용되고 있지만 원래는 경상남도 도청 건물이었고, 피란 시절 임시정부의 종합청사 건물로 사용되었다. 현재 국제관이 들어선 장소에 원래는 도청 부속 건물로 무덕관이 있었다. 무덕관은 임시수도 시절 국회의사당으로 사용된 유서 깊은 건물이었으나 국제관을 세우기 위해 무너뜨렸다. 동아대 법학전문대학원 앞에는 부산에서 유일하게 남은 전차 한 대가 있다. 동아대 후문을 나와 임시수도기념로를 타고 올라가면 임시수도기념관에 다다른다. 임시수도기념관은 원래 경남도지사의 관사로 지어졌으며, 피란 시절에는 이승만 대통령 내외가 머물렀던 공관이다.

임시수도기념관에서 아미동 비석문화마을까지는 걸어서 약 20분 정도 걸린다. 까치고개로가 굉장히 가팔라서 올라가는 데 힘이 든다. 아미동 비석마을은 산상교회에서 감천고개까지 이른바 19번지 일대에 있다. 이곳에 가면 축대와 담장, 벽과 계단 사이 사이에 박혀 있는 일본인 비석을 볼 수 있다. 비석마을에서 감천고개를 넘으면 아미성당 앞에 감천문화마을 입구가 보인다. 초입의 작은 박물관에서 감천문화마을의 역사를 살펴본 후 주도로인 감내2로 일대를 걸으며 층층이 쌓인 주택 군락과 남쪽에 펼쳐진 감천항을 조망한다.

부산 인문 여행 #5

초량동 산복도로 나들이

동구 초량동 일대

● 초량 상해 거리 → ● 구 백제병원 → ● 담장 갤러리 → ● 168계단 → ● 김민부 전망대 → ● 장기려 기념관 → ● 망양로 → ● 민주공원

산복도로는 부산의 속살이자 거대한 생채기와 같다. 이 인문 여행은 산동네가 집중적으로 분포된 산복도로를 걸어봄으로써 부산 서민들이 어떻게 살아왔는가를 알아보는 것이다. 초량 상해 거리는 부산역 앞에 있다. 과거 청나라 영사관의 설치와 함께 이 부근에서 중국인들의 집단 거주가 시작되었다. 상해 거리는 부산에서 중국 문화를 체험할 수 있도록 특화한 거리로서, 지난 1993년 부산시와 상해시가 자매 결연을 맺으면서 '상해 거리'라고 이름 지었다. 이 거리에서 화교중학교를 지나 북쪽으로 올라가면 초량2동 주민센터 근처에 구 백제병원이 있다. 이 건물은 사연이 많다. 일제강점기에 최용해가 근대식 종합병원으로 개원했으나 문을 닫은 이후로 봉래각(중화요리집), 중화민국 영사관 등으로 이용되었고, 해방 후에는 예식장으로 사용되었다. 지금은 카페로 변신했다.

다시 초량교회 쪽으로 이동하면 부산 동구에서 단장한 이바구길로 들어선다. 첫 번째 지점은 담장 갤러리이다. 산복도로의 삶과 애환을 담은 시와 사진, 동구의 인물과 초량초등학교 출신의 스타를 주제로 담장을 꾸몄다. 이 담장을 지나면 초량 주민들의 귀한 식수원이었던 우물터와 함께 산복도로의 명물인 168계단이 등장한다. 산을 깎아 조성한 높고 비탈진 계단은 산복도로에서만 볼 수 있는 부산의 속살이다. 이 계단을 힘겹게 올라가면서 산복도로 주민들의 삶을 느낄 수 있다. 계단 위에는 동구 출신의 천재 시인 김민부 전망대가 조성되어 있는데, 부산항 앞바다를 훤히 조망할 수 있는 곳이다. 이바구 충전소를 지나서 꼬불꼬불 도로를 따라가면 장기려 기념관에 도착한다. 부산에 피란을 내려와 평생 어려운 환자들을 위해 인술을 펼쳤던 장기려 박사의 유품을 전시한 기념관이다.

여기서 구봉산 쪽으로 더 올라가면 망양로에 도달한다. 망양로는 부산진구 범천시장에서 시작해 서구 서대신동 교차로까지 이어지는 도로로서 산 중턱을 지나는 산복도로이다. 부산항 앞바다가 잘 내려다보이는 도로라는 뜻으로 망양로(望洋路)라는 명칭이 붙었다. 망양로 중에서도 동구 초량동 구간은 원도심권 산동네와 부산항을 잘 볼 수 있다. 망양로를 따라 계속 올라가면 민주공원에 다다른다. 민주공원은 4.19혁명과 부마항쟁, 6월항쟁에 이르기까지 부산 시민들의 숭고한 민주화 정신을 기리고 계승해 나가기 위해 조성되었다.

찾아보기

키워드로 읽는 부산

ㄹㅁ

ㅂ

기타

여행자를 위한
도시 인문학

초판 1쇄 발행 2017년 9월 25일
4쇄 발행 2024년 2월 1일

지은이 유승훈
펴낸이 박희선

디자인 디자인 잔
사진 유승훈, Shutterstock
발행처 도서출판 가지
등록번호 제25100-2013-000094호
주소 서울 서대문구 거북골로 154, 103-1001
전화 070-8959-1513
팩스 070-4332-1513
전자우편 kindsbook@naver.com
블로그 www.kindsbook.blog.me
페이스북 www.facebook.com/kindsbook

ISBN 979-11-86440-18-6 (04980)
979-11-86440-17-9 (세트)

* 이 도서의 국립중앙도서관 출판예정도서목록(CIP)은 서지정보유통지원시스템 홈페이지(http://seoji.nl.go.kr)와 국가자료공동목록시스템(http://www.nl.go.kr/kolisnet)에서 이용하실 수 있습니다.(CIP제어번호: CIP2017022987)